[畜禽疾病诊疗手册丛书]

牛病诊疗手册

吴文学　李秀波　王中杰　主编

中国农业科学技术出版社

图书在版编目(CIP)数据

牛病诊疗手册 / 吴文学，李秀波，王中杰主编 . — 北京：中国农业科学技术出版社，2018.6
（畜禽疾病诊疗手册丛书）
ISBN 978-7-5116-3708-6

Ⅰ . ①牛… Ⅱ . ①吴… ②李… ③王… Ⅲ . ①牛病—诊疗—手册 Ⅳ . ① S858.23-62

中国版本图书馆 CIP 数据核字 (2018) 第 106390 号

本书由现代农业（奶牛）产业技术体系建设专项资金资助，CARS-36
（Supported by China Agriculture Research System, CARS-36）

责任编辑　李冠桥
责任校对　李向荣

出 版 者　中国农业科学技术出版社
　　　　　北京市中关村南大街 12 号　邮编：100081
电　　话　(010)82109705（编辑室）　　(010)82109702（发行部）
　　　　　(010)82109709（读者服务部）
传　　真　(010)82106625
网　　址　http://www.castp.cn
经 销 者　各地新华书店
印 刷 者　北京科信印刷有限公司
开　　本　710mm×1 000mm　1/16
印　　张　10.75
字　　数　188 千字
版　　次　2018 年 6 月第 1 版　　2018 年 6 月第 1 次印刷
定　　价　75.00 元

《畜禽疾病诊疗手册》
丛书编委会

主　　编：李金祥

副 主 编：吴文学　王中杰　苏　丹　曲鸿飞

编　　委：（以姓氏拼音为序）

　　　　　常天明　高　光　蒋　菲　李冠桥　李金祥　李秀波

　　　　　李旭妮　梁锐萍　刘魁之　孟庆更　曲鸿飞　苏　丹

　　　　　滕　颖　王　瑞　王天坤　王中杰　吴文学　肖　璐

　　　　　闫宏强　闫庆健　张海燕　邹　杰

策　　划：李金祥　闫庆健　林聚家

《牛病诊疗手册》
编委会

主　　编：吴文学　李秀波　王中杰

编　　委：(以姓氏拼音为序)

蒋　菲　李秀波　苏　丹　滕　颖

王　瑞　梁锐萍　王中杰　吴文学

序

  我国是畜禽饲养大国，畜禽养殖规模和产量已经连续多年稳居世界第一。但是，由于产业结构、饲养规模和生产方式的变化以及防疫水平等原因，畜禽疫病的流行病学规律也在发生变化，近几年全国各地暴发畜禽疫病的报道屡见不鲜。畜禽疫病暴发不仅给养殖场造成巨大损失，也让广大消费者对畜禽产品质量安全忧心忡忡。

  我国畜牧业"十三五"规划的整体目标中提到：到 2020 年，畜牧业可持续发展取得初步成效，经济、社会、生态效益明显。畜牧业发展方式转变取得积极进展，畜牧业综合生产能力稳步提升，结构更加优化，畜产品质量安全水平不断提高。为了实现畜禽产品供给和畜产品质量安全、生态安全和农民持续增收，我国兽医行业"十三五"发展总体思路中提出：进一步加强兽医科技人才队伍建设，增强自主创新能力，加强兽医基础研究，加强科技推广，提高兽医科技整体水平，进一步提高兽医人才队伍素质，为兽医事业发展提供更加坚实的科技保障。这就给广大兽医科研工作者指明了近期的工作任务与方向，同时也给基层兽医工作者在畜禽疫病的诊断和防治方面提出了新的技术要求。

  因此，切实提高基层兽医工作者的临床诊断水平和疫病综合防治能力，是我国兽医工作面临的重大课题。基于此，我们邀请从事畜禽疾病研究并具有丰富临床兽医经验的中国农业大学动物医学院吴文学教授等专家撰写了一套《畜禽疾病诊疗手册》丛书。

  该套丛书以解决基层兽医工作者实际需求为目标进行策划，力求实用，采用大量病例和临床照片，以图文并茂形式解读了家畜家禽疾病的发生环境、临床症状、病理变化以及预防、治疗措施等内容。这些内容对临床兽医工作者和饲养管理人员来说都是应当掌握的，其中，疾病诊断要点和综合防治措施尤为重要，是每个疾病诊疗的重点，典型症状包括对疾病诊断有帮助的临床症状和解剖变化。

　　该书立足文字简洁、技术实用、措施得当、便于操作，通俗易懂，直观生动，参照性强，是畜禽养殖者、基层兽医工作者的案头必备工具书，同时也是大专院校学生从业的重要参考工具书。

　　希望该书的出版能对兽医科技推广工作有所裨益，进一步提高基层兽医工作者的综合业务素质，确保畜禽产品供给和畜产品质量安全、生态安全和农民持续增收，为实现我国畜牧业"十三五"发展规划的任务目标贡献一份力量。

中国农业科学院副院长

李名钦

前言

随着养牛业的集约化发展，饲养密度越来越大、环境应激因素越来越多，导致疾病种类增加、发生频率提高，对养牛生产造成的危害变得越来越突出。如何有效控制牛场疾病的发生，减少经济损失，成为同行非常关心的问题之一，为此我们编写了这本书，希望能为养牛业的健康、高效发展起到一些参考作用。

本书较系统地介绍了目前养牛场常见疾病的症状、病理特征、诊断技术和防治措施，并且根据临床经验采用类症方法对常见传染病进行分类介绍，以便于广大畜牧兽医技术人员和养殖户在诊治疾病时查阅。同时本书附有典型临床和病理解剖图谱，希望本书能成为临床兽医工作者学习和查询牛病学知识、开展临床诊治工作的常用手册。

为了使读者易于读懂并更好地应用好本书，我们在编写时力求深入浅出、密切结合生产实践，突出掌握性和实用性。

尽管我们尽力将本书编写为一本极具实用价值的好书，但由于编者阅历和实践范围有限，疏漏之处在所难免，衷心希望专家、同行和读者批评指正，以便我们提高并在再版时更正。

目录

>> 第一章
呼吸系统疾病

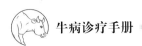

第一节　流行热

一、概述

牛流行热是由牛流行热病毒引起的一种急性热性传染病。其特征为突然高热、呼吸促迫、流泪、流涎和运动障碍。病牛大部分经2～3日即恢复正常，故俗称三日热或暂时热。该病病势迅猛，能引起牛大群发病，虽多为良性经过，但会明显降低奶牛的产奶量，部分病牛也会因瘫痪而被淘汰。

二、流行病学

该病主要侵害奶牛和黄牛，3～5岁牛多发，犊牛很少发病。病牛是主要传染源，由于病毒可在蚊、蠓等昆虫体内繁殖，因此吸血昆虫叮咬是主要传播途径，该病的流行也与蚊、蠓、蝇等流行特点一致，呈现明显的季节性。该病可呈地方流行性或大流行，流行迅猛，短期内可使大批牛只发病，但病牛多为良性经过。另外，本病的周期性也很明显，为3～5年大流行一次，期间发病较少。

三、临床症状

潜伏期为3～7天。病初恶寒战栗，体温突然升高到40℃以上，稽留2～3天后恢复正常。体温升高的同时，可见流泪、眼睑水肿、结膜充血、流鼻液、流涎、口角有泡沫（图1-1）、呼吸较快、舌头外伸、拉风匣状喘气、苦闷状呻吟，有时可因窒息而死亡。皮温不整，特别是角根、耳翼、肢端有冷感。四肢关节浮肿疼痛，病牛呆立或跛行，后期因起立困难而多伏卧。食欲废绝，反刍停止。第一胃蠕动停止，出现臌胀，或者缺乏水分，胃内容物干涸。粪便干燥，有时下痢。尿量减少，尿混浊。妊娠母牛可发生流产、早产或死胎，泌乳量下降或停止。

图 1-1　病牛流涎、口角有泡沫

四、病理变化

急性死亡多因窒息所致。剖检可见气管和支气管黏膜充血和出血、黏膜肿胀、气管内充满大量泡沫黏液。肺显著肿大，有程度不同的水肿和间质气肿，病变多集中在肺的尖叶、心叶和膈叶前缘，间质明显增宽，可见胶冻样水肿，并有气泡，压之有捻发音，切面流出大量泡沫样暗紫色液体。全身淋巴结充血，肿胀或出血。真胃、小肠和盲肠黏膜呈卡他性炎和出血。其他实质脏器可见混浊、肿胀。

五、诊断

根据流行病学、临床症状和病理变化进行诊断，其明显的季节性和周期性有助于与牛传染性鼻气管炎、牛副流行性感冒、牛病毒性腹泻（黏膜病）相区别。发热初期可采血进行病毒分离鉴定，或在发热初期和恢复期采血进行中和试验和补体结合试验等检验。2002 年 8 月 27 日中华人民共和国颁布的农业生产标准，微量中和试验是检测牛流行热病毒的标准方法。

六、防治

加强牛的卫生管理对该病预防具有重要作用。流行热病毒是由吸血昆虫为媒介而引起的疫病，因此消灭吸血昆虫，防止吸血昆虫的叮咬，是预防该病的关键措施。可每周两次用 5% 敌百虫喷洒牛舍和周围排粪沟，以杀灭蚊蝇。另外，针对该病毒对酸敏感的特点，可用过氧乙酸对牛舍地面及食槽等进行消毒。发现病例后，应立即隔离病牛并进行治疗，切断病毒传播途径。

在流行季节到来之前，用牛流行热灭活疫苗颈部皮下注射免疫。

治疗方法：对假定健康牛和受威胁牛，可用高免血清进行紧急预防注射。高热时，肌内注射复方氨基比林 20～40 毫升，或 30% 安乃近 20～30 毫升。对于因高热而脱水和由此而引起的胃内容干涸，可静脉注射林格氏液或生理盐水 2～4 升，并向胃内灌入 3%～5% 的盐类溶液 10～20 升。重症病牛给予大剂量的抗生素，常用青霉素、链霉素，并用葡萄糖生理盐水、林格氏液、安钠咖、维生素 B_1 和维生素 C 等药物，静脉注射，每天 2 次。四肢关节疼痛的牛，可静脉注射水杨酸钠溶液。此外，也可用清肺、平喘、止咳、化痰、解热和通便的中药，辩证施治。

第二节　恶性卡他热

一、概述

牛恶性卡他热是由恶性卡他热病毒引起的一种急性、热性传染病。其特征是持续发热，口、鼻流出黏脓性鼻液、眼结膜发炎，角膜混浊，伴有非化脓性脑膜脑炎，病死率高。OIE 将其列为 B 类疫病。

二、流行病学

黄牛、水牛、奶牛均易感，多发生于 1～4 岁的牛，老龄牛及 1 岁以下的牛发病较少。本病以散发为主，主要通过绵羊、角马以及吸血昆虫传播，牛只之间不会通过接触传染。病牛都有与绵羊接触史，如同群放牧或同栏喂养，特别是在绵羊产羔期最易传播本病。本病可通过胎盘感染犊牛，一年四季均可发生，但以春、夏季节发病较多。

三、临床症状

本病自然感染潜伏期平均为 3～8 周。临床上分头眼型、肠型、皮肤型和混合型四种，头眼型最常见。

头眼型：病初高热，达 40～42℃，精神沉郁，第 1 天末或第 2 天眼、口及鼻黏膜发生病变。眼结膜发炎，羞明流泪，以后角膜混浊、眼球萎陷、溃疡及失明。角膜发炎、混浊是本病的一个特征性病征（图 1-2）。鼻腔、喉头、气管、支气管及颌窦卡他性及假膜性炎症，呼吸困难，炎症可蔓延到鼻窦、额窦、角窦，角根发热，严重者两角脱落。鼻镜及鼻黏膜先充血，

图 1-2　"头眼型"症状图和病变图

后坏死、糜烂、结痂。口腔黏膜潮红肿胀，出现灰白色丘疹或糜烂。病程多为 1～2 周，病死率较高。

肠型：不常见。体温升高呈稽留热等一般的症状，病牛先便秘后下痢，粪便带血、

恶臭。口腔黏膜充血，常在唇、齿龈、硬腭等部位出现假膜，脱落后形成糜烂及溃疡。

皮肤型： 除体温升高和一般的症状外，常在颈、肩胛、背、乳房、阴囊等处皮肤出现丘疹、水泡，结痂后脱落，有时形成脓肿。

混合型： 此型多见。病牛同时有头眼症状、胃肠炎症状及皮肤丘疹等。有的病牛呈现脑炎症状。一般经 5～14 天死亡，病死率达 60%。

四、病理变化

剖检可见呼吸道和消化道典型病变。眼睑充血、水肿，结膜苍白、散布点状出血，角膜混浊。鼻窦、咽、喉、气管及支气管黏膜充血、肿胀和 / 或溃疡，咽和喉有多发性糜烂和灰黄色假膜覆盖。口、咽、食道糜烂或溃疡，第四胃和小肠黏膜充血、水肿、出血、糜烂或溃疡。头颈部、咽部及肺淋巴结充血、水肿。全身小血管呈炎性反应，并导致非化脓性脑膜脑炎发生。肾脏肿大，明显充血，皮质表面有灰白色病灶。

五、诊断

根据典型临床症状和病理变化可作出初步诊断，可通过全身症状和病理变化与也能引起眼结膜和角膜炎的牛嗜血杆菌病相区别，可通过蹄部有无水泡与也能引起鼻黏膜糜烂和结痂的口蹄疫相区别。确诊需进一步做病毒 - 血清中和、补体结合、间接免疫荧光、PCR 等实验室诊断。

六、防治

牛、羊分开饲养，分群放牧。加强饲养管理，增强抵抗力，注意栏舍卫生、消毒。

发现病畜后，按《中华人民共和国动物防疫法》及有关规定，采取严格控制、扑灭措施，防止扩散。污染场所及用具等实施严格消毒。病毒对外界环境抵抗力不强，冰点以下温度可使病毒失去活性，常用消毒液杀灭效果很好。

治疗：用土霉素 1～2 克（或四环素同量）、含糖盐水 2 000 毫升、氢化可的松（20 毫升含 100 毫克）60 毫升、25% 维生素 C 4～6 毫升、樟脑磺酸钠 20～30 毫升静脉注射。12 小时 1 次，如绝食可加 25% 葡萄糖 500 毫升。用龙胆草、黄芩、柴胡、车前草、淡竹叶、地骨皮各 60 克，薄荷、僵蚕、牛蒡子、板蓝根、二花、连翘、玄参各 30 克，栀子 45 克，茵陈 120 克水煎服，每天 1 次。可用 2% 硼酸水溶液洗眼，然后用金霉素眼膏治疗，用 0.1% 雷佛奴尔液冲洗鼻腔，用 1% 高锰酸钾溶液和稀碘液分别冲洗口腔。

第三节 传染性鼻气管炎

一、概述

牛传染性鼻气管炎又称"坏死性鼻炎""红鼻病"，是 I 型牛疱疹病毒引起的一种牛呼吸道接触性传染病。临床表现形式多样，以呼吸道症状为主，伴有结膜炎、流产、乳腺炎，有时诱发小牛脑炎等。

二、流行病学

本病多发生于育肥牛、奶牛和犊牛。感染牛是主要传染源，有的病牛康复后带毒时间长达 17 个月以上。病毒随鼻、眼和阴道分泌物、精液排出，易感牛接触被污染的空气飞沫或与带毒牛交配即可感染。饲养密集、通风不良均可增加感染机会。本病多发于冬春舍饲期间。当存在应激因素（如长途运输，饲养环境发生剧烈变化）时，潜伏于三叉神经节和腰荐神经节中的病毒可以活化，并出现于鼻汁与阴道分泌物中。牛群发病率 10%～90%，病死率 1%～5%，犊牛病死率较高。

三、临床症状与病理变化

潜伏期 3～7 天，有时达 20 天以上。因侵害不同组织，临床表现 6 种类型。

呼吸道型：为最常见的一种类型。病牛高热达 40℃以上，咳嗽，呼吸困难，流泪，流涎，流黏液脓性鼻液。鼻黏膜高度充血，有散在的灰黄小脓疱或浅而小的溃疡。鼻镜发炎充血，呈火红色，故有"红鼻子病"之称。病程 7～10 天，以犊牛症状急而重，常因窒息或继发感染而死亡。死后主要病变为鼻道、喉头和气管炎性水肿，黏膜表面形成灰色假膜（图 1-3，图 1-4）。

结膜角膜型：多与上呼吸道炎症合并发生。轻者结膜充血，眼睑水肿，大量流泪；重者眼睑外翻，结膜表面形成灰色假膜，呈颗粒状外观，角膜轻度云雾状，流

图 1-3　呼吸道黏膜高度充血，散在灰黄小脓疱或溃疡

图 1-4　病牛结膜充血、水肿

黏液脓性眼眵。

生殖器型：主要见于性成熟的牛，多由交配而传染。母牛患本病型又称传染性脓疱性外阴阴道炎。病牛尾巴竖起并挥动，尿频，阴门流黏液脓性分泌物，外阴和阴道黏膜充血肿胀，散在灰黄色粟粒大的脓疱，严重时黏膜表面被覆灰色假膜，并形成溃疡，甚至发生子宫内膜炎。公牛患本病型又称传染性脓疱性包皮龟头炎，病牛龟头、包皮内层和阴茎充血，形成小脓疱或溃疡。同时，多数病牛精囊腺变性、坏死，种公牛失去配种能力或康复后长期带毒。

流产不孕型：妊娠牛可在呼吸道和生殖器症状出现后的 1 ～ 2 个月内流产，也有突然流产的，非妊娠牛则可因卵巢功能受损而导致短期内不孕。流产胎儿的肝、肾和脾脏有局部坏死，有时皮肤有水肿。

脑炎型：仅见于犊牛，在出现呼吸道症状的同时，伴有神经症状，表现沉郁或兴奋、视力障碍，共济失调，甚至倒地，惊厥抽搐，角弓反张，病灶呈非化脓性脑炎变化，病程 1 周左右，发病率低，但病死率高达 50% 以上。

肠炎型：见于 2 ～ 3 周龄的犊牛，在发生呼吸道症状的同时，出现腹泻，甚至排血便，病死率 20% ～ 80%。

四、诊断

根据病史及临床症状可初步诊断，组织病变特征明显，更有助于诊断。确诊要进一步做病毒分离，通常用灭菌棉棒采取病牛的鼻液、泪液、阴道黏液、包皮内液或者精液进行病毒分离和鉴定，也可通过酶联免疫吸附试验直接检测病料中的病毒抗原。

五、防治

病牛应隔离至退热后 2 天。病牛早期宜休息，多饮水，多喂富营养且易消化的饲料，进食后取温盐水（盐含量为 5% ～ 10%）供病牛自由饮用。保持病牛鼻、眼睛、咽、口腔及生殖道清洁，常用广谱抗生素和磺胺类药物预防继发感染。预防本病的弱毒疫苗或多联苗已有商品出售。接种后 10~14 天产生免疫力，免疫期可达数年，但最好每年接种一次。

中医药治疗基本方药：马勃 18 克、牛蒡子 30 克、玄参 30 克、柴胡 30 克、板蓝根 120 克、升麻 18 克、黄芩 30 克、黄连 20 克、桔梗 20 克、连翘 30 克、薄荷 20 克、甘草 30 克。本方临床应用时可根据具体病情加减：呼吸道型病例，可加荆芥穗 30 克、麻黄 18 克、葛根 20 克以增强发表疏散之力；结膜角膜型病例，可加桑白皮 30 克、蒲公英 30 克、薏米仁 90 克，以增强清热利湿之功；生殖器型病例，上方减去升麻、薄荷、桔梗，加红藤 30 克、败酱草 60 克、土茯苓 30 克、扁蓄 20 克，以求利湿化淤之效；流产不孕型病例，上方减去升麻、薄荷、桔梗、黄连，加桃仁 30 克、红花 30 克、川芎 20 克、当归 45 克、赤芍 30 克、熟地 60 克，增强活血化淤、益肾固本之功；脑炎型病例，上方加生牡蛎 240 克、代赭石 90 克、生石膏 90 克；肠炎型病例，去薄荷、升麻，加猪苓 20 克、草果 20 克、炒白术 20 克。用法：将药放入 1 500 毫升水中，煮取 500 毫升的药汁，待温度降至 30 ~ 45℃时灌服。每天早、晚各 1 次，连用至中病即止。

第四节　白血病

一、概述

牛白血病是由牛白血病病毒引起的牛的一种慢性肿瘤性疾病，其特征为淋巴样细胞恶性增生，全身淋巴结肿大，进行性恶病质和高病死率。

二、流行病学

本病主要发生于奶牛、尤以 4 ~ 8 岁牛最常见，其次是黄牛和水牛。病牛和带毒牛是主要传染源，可通过接触或者媒介进行水平传播，也可通过胎盘和初乳垂直传播给犊牛。潜伏期平均为 4 年。

三、临床症状

本病有亚临床型和临床型两种表现。亚临床型无肿瘤形成，其特点是淋巴细胞增生并可持续多年或终生，但不影响况况。部分病牛可进一步发展为临床型，表现食欲减退，生产性能下降，喜卧。可视黏膜苍白，体表淋巴结高度肿大，颌下淋巴结、股前淋巴结等触摸时可移动（图 1-5）。其他症状多与肿瘤发生部位相关，如一侧肩前淋巴结增大，病牛的头颈可向对侧偏斜；肿瘤细胞侵及眼球后脂肪并有瘤体形成时，眼睑外翻，眼球突出；侵及脊髓或脊神经时，病牛后肢运动障碍或麻痹；侵及腹腔时，病牛消化不良，顽固性下痢，甚至排出带血的黑褐色粪便；侵及胸腔器官时，病牛呼吸困难，心跳加快，心律不齐；侵及泌尿系统时，病牛排尿量减少，严重时可继发尿毒症。出现临床症状的牛，常以死亡告终，但其病程可因肿瘤病变发生的部位、程度不同而异，一般在数周至数月之间。

图 1-5　病牛体表淋巴结肿大

图 1-6　病牛跛行、瘫痪

四、病理变化

病死牛常消瘦、贫血。病牛部分或周身淋巴结肿大，内脏器官和组织可见大小不等的结节灶或弥漫性肿瘤病灶。腮淋巴结、肩前淋巴结、股前淋巴结、乳房上淋巴结和腰下淋巴结常肿大，被膜紧张，呈均匀灰色，柔软，切面突出；心脏、皱胃和脊髓常发生浸润，心肌浸润常发生于右心房、右心室和心隔，色灰而增厚；循环障碍导致全身性被动充血和水肿；脊髓被膜外壳里的肿瘤结节使脊髓受压、变形和萎缩；皱胃壁由于肿瘤浸润而增厚变硬；肾、肝、肌肉、神经干和其他器官、组织亦可见有肿瘤生长，但脑的病变少见。

五、诊断

需通过临床症状、病理变化和实验室检测来综合诊断。临床触诊发现淋巴结（腮、肩前、股前）肿大、直肠检查发现骨盆腔和腹腔的器官及淋巴结增生时，可以初步诊断为本病。尸体剖检发现肿瘤病变，组织样品（包括右心房、肝、脾、肾和淋巴结）显微镜检查发现有瘤细胞，即证明有肿瘤存在。

血象检查时，白细胞总数明显增加、淋巴细胞比例达 75% 以上、瘤细胞出现等是重要诊断依据。免疫学检查包括琼脂扩散、补体结合、中和试验、间接免疫荧光技术、

酶联免疫吸附试验等。应用 PCR 检测外周血液单核细胞中的病毒核酸敏感性高、特异性强，可用于本病的诊断。

六、防治

本病尚无特效疗法。根据本病的发生呈慢性持续性感染的特点，应严格检疫和淘汰阳性牛，并采取定期消毒、驱除吸血昆虫、杜绝因手术和注射引起的交互传染等在内的综合性防治措施。无病地区应严格防止引入病牛和带毒牛；引进新牛必须进行认真检疫，发现阳性牛立即淘汰，但不得出售，阴性牛也必须隔离 3 ~ 6 个月以上方能混群。疫场每年应进行 3 ~ 4 次临床、血液和血清学检查，不断剔除阳性牛；对感染不严重的牛群，可借此净化牛群，如感染牛只较多或牛群长期处于感染状态，应采取全群扑杀的坚决措施。对检出的阳性牛，如因其他原因暂时不能扑杀时，应隔离饲养，控制利用；肉牛可在肥育后屠宰。阳性母牛可用来培养健康后代，犊牛出生后即行检疫，阴性者单独饲养，喂以健康牛乳或消毒乳，阳性牛的后代均不可作为种用。

第五节　牛结核病

一、概述

牛结核病是由牛型结核分枝杆菌引起的一种人兽共患的慢性传染病，我国将其列为二类动物疫病，以组织器官的结核结节性肉芽肿和干酪样、钙化的坏死病灶为主要特征。OIE 将其列为 B 类疫病。

二、流行病学

病畜是主要传染源，结核杆菌可分布在感染动物体各个器官的病灶内，随鼻液、乳汁、粪便、生殖器官分泌物等排出，污染环境并散布传染，也可经胎盘传播或交配感染。

本病一年四季都可发生。舍饲牛发生较多。畜舍拥挤、阴暗、潮湿、污秽不洁、过度使役和挤乳、饲养不良等均可促进本病的发生和传播。

三、临床症状

潜伏期一般为 10 ~ 15 天，有时达数月甚至数年，病程长，治愈慢。本菌多侵害牛肺、乳房、肠和淋巴结等器官，因病菌毒力、侵害器官和牛抵抗力不同，症状亦不一样。

肺结核：病牛呈进行性消瘦，病初有短促干咳，渐变为湿性咳嗽。听诊肺区有啰音，胸膜结核时可听到摩擦音。叩诊有实音区并有痛感。

乳房结核：乳量渐少或停乳，乳汁稀薄，有时混有脓块。乳房淋巴结硬肿，可触摸到局限性或弥散性结节，但无热、痛。

淋巴结核：不是一个独立病型，各种结核病的附近淋巴结都可能发生病变。淋巴结肿大，无热、痛。常见于下颌、咽、颈、肩前及腹股沟等淋巴结。

肠结核：多见于犊牛，以便秘与下痢交替出现或顽固性下痢为特征。

神经结核：中枢神经系统受侵害时，脑和脑膜可发生粟粒状或干酪样结核，常引起神经症状，如运动障碍、应激反应增强，甚至发生癫痫等。

四、病理变化

特征病变是在肺脏及其他被侵害的组织器官形成白色的结核结节，呈粟粒至豌豆大、灰白色、半透明状，较坚硬，多散在。在胸膜和腹膜的结节密集状似珍珠，俗称"珍珠病"。病期较久的，结节中心发生干酪样坏死或钙化（图1-7），或形成脓腔和空洞。病理组织学检查，在结节病灶内见到大量的结核分枝杆菌。

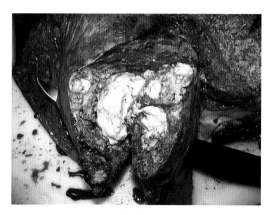

图1-7　肺组织呈豆腐渣状

五、诊断

根据病牛进行性消瘦、咳嗽、慢性乳房炎、顽固性下痢和体表淋巴结慢性肿大等临床症状，可作出初步诊断。病理剖检若发现典型的结核结节，可用病料涂片进行抗酸染色，检出红色、中等大、平直或稍弯曲或带分枝的杆菌，即可确诊。另外，临床还常用结核菌素变态反应进行诊断。近年来，γ-干扰素释放试验因具有无创、敏感、特异、便捷等优点而被广泛用于本病的诊断。

六、防治

本病以综合性预防为主，一般不予治疗。要做好牛场生物安全管理，防止疫病传入和扩散。结核病人不能饲养牲畜。加强饲养管理，确保环境卫生。健康牛群每年春

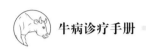
秋各进行一次检疫。外购牛时，先就地检疫，阴性牛引进后要先隔离观察 3 个月以上，检疫阴性后才能合群。

净化污染牛群：污染牛群是指多次检疫不断出现阳性家畜的牛群。对污染牛群，每年进行 4 次以上检疫，检出的阳性牛及可疑牛立即分群隔离为阳性牛群与可疑牛群。剔除阳性牛及可疑牛后的牛群，应间隔 1～1.5 个月检疫 1 次，连检 3 次均为阴性者，认为是健康牛的可放入假定健康牛群。阳性牛应按《中华人民共和国动物防疫法》及有关规定采取严格扑杀措施，并进行无害化处理，防止扩散。对发现的可疑病牛，要加强监控，进行隔离饲养观察，同时复检确诊，并严格按国家有关规程无害化处理可疑病牛在隔离饲养期间生产的乳及排泄物等；假定健康群为向健康群过渡的畜群，当无阳性牛出现时，在 1～1.5 年的时间内 3 次检疫，全是阴性时，即判定为健康群。

培养健康犊牛群：分娩前消毒乳房及后躯，产犊后立即与母牛分开，用 2～5% 来苏儿消毒犊牛全身，擦干后送预防室，喂健康牛乳或消毒乳。犊牛应在 6 个月隔离饲养中检疫 3 次，阳性牛淘汰，阴性牛放入假定健康牛群。

结核杆菌对外界的抵抗力很强，在土壤中可生存 7 个月，在粪便内可生存 5 个月，在奶中可存活 90 天。但对直射阳光和湿热的抵抗力较弱，60～70℃经 10～15 分钟或 100℃水中立即死亡。常用消毒药经 4 小时可将其杀死，70% 酒精、10% 漂白粉、氯胺、石炭酸、3% 甲醛等均有可靠的消毒作用。

第六节　牛巴氏杆菌病

一、概述

牛巴氏杆菌病又称牛出血性败血症（牛出败），是牛的一种急性、热性传染病。以高热、肺炎、急性胃肠炎以及内脏广泛出血为主要特征。

二、流行病学

多杀性巴氏杆菌对多种动物和人均有致病性。病畜和带菌畜为传染来源，主要经消化道感染，其次通过飞沫经呼吸道感染，也可经皮肤伤口或蚊蝇叮咬感染。另外，本菌常存在于健康畜禽的上呼吸道和扁桃体，与宿主呈共栖状态。当牛饲养在不卫生的环境中，由于感受风寒、过度疲劳、饥饿等因素使机体抵抗力降低时，该菌乘虚侵入体内，经淋巴液入血液而导致发病。该病常年可发生，在气温变化大、阴湿寒冷时更易发病；常呈散发性或地方流行性发生。

三、临床症状

潜伏期 2～5 天。死亡率可达 80% 以上，个别高达 90% 以上。据症状可分为败血型、浮肿型和肺炎型，水牛多呈败血型，黄牛以肺炎型较常见。

败血型： 病初发高烧，可达 41～42℃，随之出现全身症状，精神沉郁，低头拱背，意识障碍、被毛粗乱无光，脉搏加快，肌肉震颤，皮温不整，鼻镜干燥，结膜潮红，有咳嗽声和呻吟声，食欲减退或废绝，泌乳和反刍停止。随病程延长，患牛表现腹痛，开始下痢，粪便初为粥状，后呈液状，其中混有黏液、黏膜碎片及血液，有恶臭，有的鼻孔内和尿中有血。腹泻开始后，体温随之下降，迅速死亡。本型病程很短，一般在 12～24 小时内死亡。

浮肿型： 除呈现全身症状外，在颈部、咽喉部及胸前皮下出现炎性水肿，初期热、痛且硬，后期逐渐扩散，变凉，疼痛减轻。有的伴发舌及周围组织的高度肿胀，舌外伸，呈暗红色。患畜呼吸高度困难，流泪、流涎、磨牙，并出现急性结膜炎。皮肤和黏膜普遍发绀，也有下痢和肢体发生肿胀者。常因窒息或腹泻虚脱而死亡，病程多为 12～36 小时。

肺炎型： 病牛呼吸困难，初期痛苦干咳，鼻流黏液，后期湿咳，鼻液呈脓性。胸部叩诊有痛觉和实音区；听诊有支气管呼吸音及水泡性杂音，有时可听到胸膜摩擦音。病畜便秘，有时下痢，开始粪便呈乳糜粥状，后变为液状，恶臭，并混有血液。病期较长者可到 3 天至 1 周左右。

四、病理变化

败血型： 内脏器官充血，在黏膜、浆膜及肺、舌、皮下组织和肌肉都有出血点，脾脏无变化或有小出血点，肝脏和肾脏实质变性，淋巴结显著水肿，胸腹腔内有大量纤维素性渗出液。

浮肿型： 在颌下、咽喉和颈部皮下，有时延及两前肢皮下，有大量橙黄色浆液浸润，表现不同程度水肿，切开时流出深黄色稍混浊液体，间或混有血液。咽周围组织和会咽软骨韧带呈黄色胶冻样，咽淋巴结和前颈淋巴结高度急性肿胀、充血和出血，全身浆膜、黏膜散布有点状出血。各实质器官变性，肺淤血水肿。

肺炎型：呈现败血型病变和纤维素性肺炎、胸膜炎（图1-8）。胸腔中有大量浆液性纤维素性渗出液。肺脏和肋胸膜有小出血点并有一层纤维素薄膜。整个肺有不同肝变期的变化，小叶间结缔组织水肿、变宽，切面呈大理石样花纹。肺泡里有大量的红细胞，使肺病变区呈弥漫性出血。病程进一步发展，可出现坏死灶，呈污灰色或暗褐色，通常无光泽。有时有纤维素

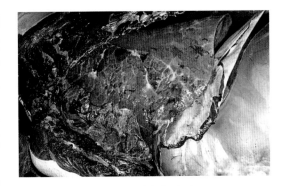

图1-8　肺组织炎症

性心包炎和腹膜炎，心包与胸膜粘连，内含有干酪样坏死物。胃肠道急性卡他性炎，有时为出血性肠炎。肾与肝发生实变，肝内常有小坏死灶。喉有出血点和胶样浸润，有时蔓延至咽与舌。浆膜与黏膜上有淤点和淤斑。淋巴结肿大呈紫色，充满出血点，尤其以支气管淋巴结和纵隔淋巴结肿胀最明显。脾不肿大。

五、诊断

根据流行特点、临床症状及病理剖检变化不难作出诊断。确诊有赖于病原学检查，可采心血、肝、脾、淋巴结、乳汁、渗出液等涂片染色，还可进行分离培养。

六、防治

平时注意卫生消毒，多杀性巴氏杆菌抵抗力弱，在干燥和直射阳光下很快死亡，高温立即死亡，一般消毒液均能迅速杀死。发病牛舍可用5%漂白粉、10%石灰乳等消毒，粪便可通过生物热灭菌。加强饲养管理，避免拥挤和受寒，长途运输时要细心管理牲畜，避免过度劳累。必要时在运输前注射高免血清或菌苗进行预防。

发生本病时，应立即将病畜或可疑病畜隔离治疗。初期应用高免血清、磺胺类药物治疗，两种药物同时使用效果更佳。重症牛可同时注射青霉素、链霉素或土霉素。此外，在治疗过程中，必须加强护理，并结合必要的对症治疗。痊愈牛可产生坚强的免疫力。对健康牲畜，仔细观察、检查体温，必要时用高免血清或菌苗紧急预防接种。

第七节　牛支原体相关疾病

一、概述

牛支原体感染通常会引起牛肺炎、乳腺炎、关节炎、角膜结膜炎、耳炎、生殖道炎症、流产与不孕等多种疾病，统称为牛支原体相关疾病。

二、流行病学

2008 年，我国首次从患肺炎的犊牛肺脏中分离到牛支原体，此后牛支原体病在国内多个省份和地区迅速扩散，一些病情较严重的省份发病率高达 50%～100%，死亡率可达 10% 以上。目前牛支原体病在我国的分布范围仍在不断扩大，流行蔓延速度及造成的经济损失也在逐年上升，严重危害我国养牛业的发展。

牛支原体在牛群中分布广泛，肉牛和奶牛均高度易感，很少感染水牛以及山羊和绵羊等小型反刍动物。

牛支原体病主要以呼吸道传播为主要途径，其次可通过接触传播和垂直传播。健康牛群可以通过接触感染牛群的乳头、鼻液或者生殖道分泌物而感染，牛支原体感染的母牛还可通过垂直传播而造成胎儿或犊牛感染，如果犊牛摄入含有牛支原体的牛奶则非常容易被感染。研究表明，含有牛支原体病原的冷冻精子具有很长时间的感染性，这种精子经冷冻几年之后仍然会造成传播。牛支原体感染具有季节性，不同的季节牛支原体病的感染率和发病率差别较大，每年的 2—5 月以及 9—11 月是感染高峰期，6—8 月发病率较低。

牛支原体自然感染的潜伏期并不固定，有报道健康犊牛在接触感染牛群 24 小时之后便可由鼻腔中排出牛支原体，但通常情况下牛群通过接触感染牛支原体后 7 天以上方可排出牛支原体，感染牛携带牛支原体的时间长达数月甚至数年。感染牛的发病往往是由于运输造成的，多数在到达目的地后 1 周左右发病。牛群一旦感染牛支原体发病并且伴发其他呼吸道疾病，死亡率将迅速显著增加。

三、临床症状与病理变化

感染牛在发病初期体温升高至 42℃ 左右，精神沉郁，食欲减退，气喘、咳嗽、流清亮或脓性鼻汁；发病时间较长的病牛体型消瘦，被毛粗乱，有的病牛会继发腹泻。

牛支原体感染主要引起各器官的急性或慢性炎症反应，包括乳房炎、肺炎、关节炎、耳炎、角膜结膜炎、生殖道炎等。

乳房炎在分娩后早期泌乳的奶牛以及发病初期的奶牛中常见，病牛产奶量在3～5天之内迅速下降，牛奶黏稠度改变。发病早期一般表现为一个乳头出现炎症，乳区发热，随后通过血液循环、淋巴管，炎症迅速蔓延至其他乳头，最终导致整个乳房的感染。通常乳房炎患牛的乳区出现明显肿胀、水肿、灼热、有痛感，乳头可挤出清样乳汁并有絮状沉淀；有的患牛出现乳房淋巴结肿大，嗜中性粒细胞和免疫球蛋白显著增加，发病牛一般长期治疗无效导致无乳而被淘汰。

肺炎是牛群感染牛支原体后最常见的症状，犊牛肺炎的病死率可达50%，明显高于青年或成年牛。病牛精神沉郁，食欲减退，体温升高，伴有气喘、咳嗽、呼吸急促等呼吸道炎性症状，急性病例肺部听诊可发现支气管呼吸音加重、有湿啰音、啸鸣音。患有肺炎的病牛经剖检可见肺脏间质增生，结缔组织增生进而形成纤维化，肺泡间隔结构破坏或增宽，肺和胸膜发生不同程度的粘连，有少量积液。肺脏发生不同程度的病变，病情较轻或发病早期的病牛肺叶尖以及心叶局部出现红色肉变，或分布有散在的肉芽肿，病情较严重的肺部出现大面积的干酪样坏死或化脓性坏死，坏死灶内有大量嗜酸性细胞和少量嗜中性粒细胞与单核细胞浸润，呈纤维素性坏死性肺炎、坏死性化脓性支气管肺炎以及卡他性支气管炎。另外，病牛细支气管内炎性渗出，心包内有黄色澄清积液，刚打开胸腔能闻到刺鼻的异味或腐败臭味。

牛支原体引起的关节炎多为散发，主要发病部位为腕关节和跗关节，身体其他关节也可发病，典型症状为脓性关节炎，关节肿胀或脓肿，患牛出现跛行；病情较严重的病牛肿胀加剧，触摸有热感，病牛采食时因压痛而伫立。通常急性关节炎会伴发重症肺炎，从而导致肺炎关节炎综合征。该病典型的病理变化为关节腔内充满黏稠、混浊的关节液，有时内部充满脓性纤维蛋白而呈现干酪样物质，关节液中有嗜中性粒细胞浸润（图1-9）。

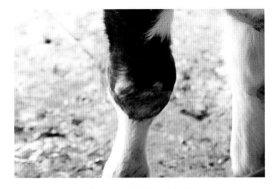

图1-9　牛支原体肺炎

另外，感染牛还有可能继发中耳炎，主要表现为患牛轻者耳痛、发烧、精神沉郁，经常摩擦耳朵，有的会出现流泪、面部神经麻痹；重者常见耳内流出脓性分泌物，随着炎症扩大到内耳，患牛可呈现歪头、眼球震颤、转圈等神经功能障碍症状。除了中耳炎，有的病牛还会继发角膜结膜炎，呈现眼角膜充血溃疡，眼结膜肿胀潮红，眼角分泌浆液性或脓性分泌物，大多数结膜炎患牛在症状出现两周之后会自行消失，有的会留有角膜瘢痕。

四、诊断

牛支原体病的临床症状和病理变化并不是很典型，经常与其他病原导致的症状相混淆，在临床诊断中很难单纯凭借临床症状和病理变化准确诊断牛支原体病，所以实验室诊断是该病诊断的重要手段，其中以病原分离、聚合酶链式反应（PCR）诊断和免疫血清学诊断为主。

五、防治

由于牛支原体缺乏细胞壁，对 β - 内酰胺类和磺胺类抗生素、多黏菌素、利福霉素、萘啶酸、甲氧苄啶等均具有较强的抵抗力，对四环素类、氨基糖苷类、替米考星或喹诺酮类药物较敏感。

目前商品化的疫苗很少，国外现有的商业化疫苗免疫保护效果也不佳。

总之，牛支原体病的药物治疗和疫苗防控效果不佳，因此，应采取综合的防控措施。首先，要加强牛群引进的管理。要做到不在疫区或有发病史的牛场引进牛，引进之前严格做好牛支原体等病的检测，防治引进病牛或带菌牛。刚引进的牛群要做好预防接种，并且应进行一段时间的隔离观察，确保没有发病再与健康牛混群。对于肉牛采用全进全出的饲养制度，空栏期要对牛舍进行全面彻底的消毒。其次，加强牛群的饲养管理。保持牛舍良好的通风，保持环境整洁、干燥、温度适宜。牛群密度不宜过大，不同来源和不同年龄的牛要分开喂养，尽量用全价营养饲料，适时补充精料以及维生素和矿物质。定期对牛舍进行消毒，及时发现并隔离病牛，做到早诊断、早治疗。

第八节　牛传染性脑膜脑炎

一、概述

牛传染性脑膜脑炎，又称牛传染性血栓栓塞性脑膜脑炎，是牛的一种以脑膜脑炎、肺炎、关节炎等为主要特征的疾病。病原为昏睡嗜血杆菌。许多脑病都伴有脑膜损害。

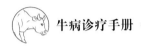

炎症开始时以充血、兴奋性增高为特征，以后由于病原微生物及其毒素严重侵害脑实质，从而转入抑制，若侵害转移或呈波动性，也可时而兴奋时而抑制。

二、病因

原发病牛是由感染和中毒所引起。饲养管理不当、受寒、感冒、过劳、中毒、脑震荡等都促进本病发生。继发病牛多系邻近部位感染蔓延，还见于一些寄生虫病。归纳起来主要有以下几种情况。

急性传染病如炭疽、气肿疽、出血性败血症、哺乳犊牛败血症等，都可继发脑膜脑炎，乳牛尚见于结核病，但在狂犬病时，通常不发生炎症，而主要是神经细胞变性及萎缩。属于寄生虫病继发者极不常见，有时因多头蚴病而继发脑脓肿。

化脓性感染是引起脑膜脑炎最常见的原因，如败血性子宫炎、乳房炎、脐炎和窦炎，有时亦见于创伤性网胃炎和心包炎，脑挫伤或颅骨骨折。

许多内源中毒、特别是消化不良，可发生脑膜和脑的炎症，但程度有差异。

三、临床症状

病牛通常突然发病，呈现一般脑炎症状（精神沉郁、目光无神或闭目垂头、站立不动）。或呈现兴奋症状，病牛性情突然变得很顽强，舞蹄，摇头，甚至嗥鸣。呼吸加速，脉搏增数。随后，则身体摇晃，以头角猛击障碍，或攻击人畜。有的病牛举头颈，挥动尾巴，前腿悬起，做攀高状。或奔跑、圈行、直行，最后则站立不稳，倒地，眼球向上翻转呈惊厥状。短时内又转入安静，或进入半睡状态，此时呼吸缓慢而深长，脉搏减少，食欲减退或废绝。其时间可能仅几分钟然后又可复发兴奋症状。当属于神经刺激症状时，表现眼球震颤、牙关紧闭等。属于神经失脱症状时，表现共济失调、角弓反张、口唇歪斜。属于传染因素引起的，体温升高，颅内压升高，头痛。属于继发因素引起的，往往伴发菌血症或毒血症现象。

呼吸道型病例表现高热、呼吸困难、咳嗽、流泪、流鼻液、有纤维素胸膜炎症状。生殖道型可引起母牛阴道炎、子宫内膜炎、流产以及空怀期延长、屡配不孕、感染母牛所产犊牛发育障碍，出生后不久死亡。公牛感染后，一般不引起生殖道疾病，偶尔可引起精液质量下降而不育。

四、病理变化

神经型典型的病变是脑膜充血，脑实质有针尖至大米粒大小的灰白色坏死灶，呈血栓性脑膜脑炎。心脏肿大，心内外膜有大量出血点或出血斑，心耳有出血点和小米粒大的灰白色坏死灶，肝脏明显肿大有出血斑，肾脏有出血点，但不肿大。

五、防治

首先要加强平时的饲养管理，注意防疫卫生，防止传染性与中毒性因素的侵害。当同槽同圈的家畜相继发生本病时，即应隔离观察和治疗，防止传播，保证家畜健康。

当兴奋时，须防止人畜受伤，迅速注射溴化钠、水合氯醛、氯丙嗪等镇定剂，然后再应用抗生素及输液，心机能不全的，可用安钠咖，氧化樟脑等强心剂。颅内压增高的，可试抽脑脊髓液，静脉注射乌洛托品、25%山梨醇、20%甘露醇等。

中兽医治疗：脑兴奋（心狂风）可针治太阳、鹘脉、蹄头、耳尖、山根、尾本等穴。投服清热解毒、安神镇静药：朱砂3钱，茯神、黄连、枝子、远志、郁金、黄芩、菖蒲各8钱至1两。水煎去渣，待冷后加鸡蛋清7个，蜂蜜4两。混合灌服。验方有：鲜地龙0.25千克，洗净捣烂，和水灌服。

第九节　牛衣原体病

一、概述

牛衣原体病中对养牛业危害最严重的是牛衣原体性流产，该病是由鹦鹉热衣原体感染牛引起的一种地方流行性的接触性传染病，以妊娠母牛流产、早产、死产或产无活力犊牛为主要特征。

二、流行病学

病牛和带菌者是主要的传染来源。牛羊之间的相互传播也有可能。患病怀孕牛流产或产犊时，大量衣原体会随羊水排出到体外污染环境，通过消化道和呼吸道感染其他健康牛。种公牛感染衣原体后也可以通过精液感染配种母牛。许多携带病原的野生动物和禽类可通过排泄物、分泌物等污染饲料、饮水和环境。

牛衣原体性流产虽然是一种地方流行性疫病，但分布广泛，在流行区内本病主要侵害青年母牛、头胎母牛或从非疫区引进的母牛，流产率高达25%~75%。

一些蜱类寄生虫和啮齿动物能长期带菌，并通过叮咬或其他途径将病原传递给健

康牛。放牧牛群在冬、春季节多发生该病。舍饲牛群全年都有发生，但以11月至翌年4月发病率较高。各品种牛均可感染。饲养管理条件差、营养搭配不合理、卫生状况不良、拥挤、通风不畅等应激因素导致怀孕牛抵抗力降低时，可促使发病和流行。

三、临床症状和病理变化

牛自然感染衣原体的发病潜伏期估计为数周至数年。发病牛主要症状如下：

流产：各个孕期的母牛感染后都可发病，多数在怀孕中、后期（妊娠7~9个月）突然发生流产，发病前母牛一般不表现任何特殊征兆，产出死胎或无活力的犊牛，有的胎衣排出迟缓，有的发生子宫内膜炎、乳房炎、输卵管炎，产奶量低。流产胎膜水肿、增厚，子叶呈黑红色或土黄色。流产胎儿水肿，皮肤、皮下组织、胸腺及淋巴结等处有点状出血，肝脏充血、肿胀，表面可能有针尖大小的灰白色病灶。组织病理学检查，胎儿肝、肺、肾、心肌和骨骼肌血管周围网状内皮细胞增生。

公牛精囊炎综合征：患病公牛的精囊腺、副性腺和睾丸出现慢性炎症，精液品质下降。

犊牛衣原体性支气管性肺炎：无明显的季节性。6月龄以前的犊牛易感，尤其是在停喂母乳并转入育成牛栏喂养时容易发病。病犊体温达40~41℃，精神沉郁，食欲下降或不食，短暂腹泻，咳嗽，流鼻涕，呼吸加快，肺部听诊啰音。严重者死亡。

牛衣原体性肠炎：5~6月龄犊牛多发本病。病犊体温升高到41~42℃，抑郁，心跳快，出现持久性腹泻，粪便稀薄带血，病犊严重消瘦，脱水。死亡率高。

牛衣原体性脑脊髓炎：病牛发烧，虚弱，共济失调，有的并发肺炎、腹膜炎、心包炎等症状。

牛衣原体性结膜炎：又称传染性结膜炎或传染性角膜结膜炎。病眼流泪，怕光，眼睑肿胀，眼角有多量分泌物。有的眼睑外翻，充血，潮红，第三眼睑高度肿胀并遮盖眼球。炎症发展波及角膜，引起角膜炎和角膜混浊、溃疡。

牛衣原体性多关节炎：多见于犊牛。病牛表现行动迟缓，卧地后驱赶不愿起立或起立困难。站立以健肢负重，不愿走动。急性期体温升高，关节肿胀，患关节局部皮温升高，患肢僵硬，触摸敏感，跛行（图1-10）。

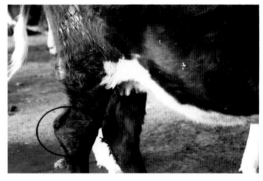

图1-10 关节炎

奶牛衣原体性乳房炎: 在自然条件下,衣原体可能通过乳头管进入乳腺组织,或者经其他途径感染发生衣原体血症,血液中的衣原体在乳腺内定居而引起乳房炎。临床表现乳房肿胀,产奶量大幅度下降。

四、诊断

牛衣原体病是一种多症状性传染病,所以对其诊断除了要参考临床症状和病变特征外,主要依据实验室的检查(特异性血清抗体检测和病原分离鉴定)结果予以确诊。

五、防治

搞好规模化牛场牛衣原体病的防治,可从以下几个方面入手。

(1)建立严格的卫生消毒制度。严格把好工作区大门通道消毒、产房消毒、圈舍消毒、场区环境消毒的质量,以有效控制发生衣原体接触传染的机会。对流产胎儿、死胎、胎衣要集中无害化处理,同时用2%~5%来苏儿或2%苛性钠等有效消毒剂进行严格消毒,加强产房卫生工作,以防新生犊牛感染本病。要防止其他动物(如猫、野鼠、狗、野鸟、家禽、牛、羊等)携带的疫源性衣原体的侵入和感染牛群。

(2)药物预防和治疗。可选用四环素、强力霉素、土霉素、金霉素等药物进行牛衣原体的预防和治疗。四环素或金霉素2万单位/千克体重,与灭菌石蜡油混合配成10%悬液,皮下注射,10天后注射第二次。长效土霉素,20毫克/千克体重肌内注射,2周后再注射1次。在精液中发现衣原体的种公牛,应以治疗量四环素连续投药3~4天,间隔5天再重复一个疗程。对流产母牛,尤其是出现子宫内膜炎的病例除全身治疗外,还应向子宫内投药。

第十节 感冒

一、概述

感冒是因受寒冷的刺激而引起的以上呼吸道炎症为主的急性热性全身性疾病。临床上以咳嗽、流鼻液、羞明流泪和前胃弛缓为主要特征。

本病无传染性,各种动物均可发生,但以幼弱动物多发,一年四季都可发生,但以早春和晚秋、气候多变季节多发。

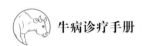

二、发病原因

本病的根本原因是各种因素导致的机体抵抗力下降。最常见的原因如下。

（1）寒冷因素的作用，如厩舍条件差，贼风侵袭；家畜突然在寒冷的条件下露宿，采食霜冻冰冷的食物或饮水。

（2）过劳或长途运输，使役家畜出汗后被雨淋、风吹等。

（3）营养不良、维生素、矿物质、微量元素的缺乏。体质衰弱或长期封闭式饲养，缺乏耐寒训练。

三、临床症状

发病较急，患畜精神沉郁、食欲减退或废绝，呈现前胃弛缓症状。有的体温升高，皮温不整，多数患畜耳尖、鼻端发凉。结膜潮红或轻度肿胀，羞明流泪。咳嗽，鼻塞，病初流浆性鼻液，随后转为黏液或黏液脓性（图1-11）。呼吸加快，肺泡呼吸音粗糙，若并发支气管炎时，则出现干性或湿性啰音。心跳加快。

图1-11 病初流水样鼻液、随后转为黏液或黏液脓性鼻液

本病病程较短，一般经3～5天，全身症状逐渐好转，多取良性经过。治疗不及时特别是幼畜易继发支气管肺炎或其他疾病。

四、诊断

根据受寒病史，体温升高、皮温不均、流鼻液、流泪、咳嗽等主要症状，可以诊断。

在诊断时应注意与流行性感冒进行鉴别。流行性感冒体温突然升高达40～41℃，全身症状较重，传播迅速，有明显的流行性，往往大批发生。

五、防治

患畜应充分休息，多给饮水，营养不良家畜应适当增加精料，增强机体耐寒性锻炼，防止家畜突然受寒。

治疗原则以解热镇痛、抗菌消炎控制继发感染为主，适当调整胃肠机能。

（1）解热镇痛。

① 30% 安乃近注射液，20～40毫升，肌内注射，1～2次/天。

②复方氨基比林注射液，20～50毫升，肌内注射，1～2次/天。

③柴胡注射液，20～40毫升，肌内注射，1～2次/天。

（2）抗菌消炎控制继发感染。

①10%磺胺嘧啶钠溶液，100～150毫升，加于5%～10%葡萄糖液中，静脉注射，1～2次/天。

②青霉素，每千克体重牛1万～2万国际单位，肌内注射，1日2～3次，连用2～3天。

第十一节　支气管炎

一、概述

支气管炎是动物支气管黏膜表层或深层的炎症，临床上以咳嗽、流鼻液和不定热型为特征。各种动物均可发生，但幼龄和老龄动物比较常见。寒冷季节或气候突变时容易发病。

二、发病原因

（1）感染。主要是受寒感冒，导致机体抵抗力降低，一方面病毒、细菌直接感染，另一方面呼吸道寄生菌或外源性非特异性病原菌乘虚而入，呈现致病作用。也可由急性上呼吸道感染的细菌和病毒蔓延而引起。

（2）物理、化学因素。吸入过冷的空气、粉尘、刺激性气体等（如二氧化硫、氨气、氯气、烟雾等）均可直接刺激支气管黏膜而发病。投药或吞咽障碍时由于异物进入气管，可引起吸入性支气管炎。

（3）过敏反应。常见于吸入花粉、有机粉尘、真菌孢子等引起气管－支气管的过敏性炎症。

（4）继发性因素。在流行性感冒、口蹄疫、恶性卡他热、肺丝虫等疾病过程中，常表现支气管炎的症状。另外，喉炎、肺炎及胸膜炎等疾病时，由于炎症扩展，也可继发支气管炎。

（5）诱因。畜舍卫生条件差、通风不良、闷热、潮湿以及饲料营养不平衡等，导

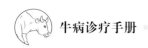

致机体抵抗力降低，均可成为支气管炎发生的诱因。

三、临床症状

急性支气管炎：病的初期有短而痛的干咳，随后变为长而无痛的湿咳。病初流浆液性鼻液，随后变为黏液性或黏液脓性鼻液，咳嗽后流出量增多。胸部听诊肺泡呼吸音增强，可闻各种啰音。支气管黏膜肿胀并分泌黏稠的渗出物时，为干性啰音；支气管内有多量稀薄的渗出物时，可听到湿性啰音。全身症状轻微，体温稍升高 0.5～1.5℃，一般持续 2～3 天后下降。呼吸、脉搏稍增数。

细支气管炎：全身症状较重，患畜精神沉郁，食欲减少或废绝，体温升高 1～2℃，脉搏增数，呼吸高度困难，结膜呈蓝紫色，有时咳嗽，胸部听诊肺泡呼吸音增强，可听到干性啰音及小水泡音。胸部叩诊，音响比正常清朗。继发肺气肿时，呈过清音，肺叩诊界后移。X 射线检查，肺纹理增强，无病灶性阴影。

慢性支气管炎：病程长，病情不定，时轻时重，患畜常发干咳，尤其是在运动、采食、夜间或早晨气温较低时，咳嗽较多。气温剧变时，症状加重。胸部听诊可长期听到啰音。无并发症时，一般全身症状不明显。后期，由于支气管黏膜结缔组织增生肥厚，支气管管腔变为狭窄，则长期呼吸困难。

腐败性支气管炎：除具有急性支气管炎症状外，全身症状重剧，呼出气带恶臭，流污秽不洁的并有腐败臭味的鼻液。

四、诊断

急性支气管炎的特点是全身症状轻，频发咳嗽，流鼻液，肺部出现干性或湿性啰音，叩诊一般无变化。

慢性支气管炎的特点是病程长，长期咳嗽，常拖延数月甚至数年。听诊肺部有干性啰音，极易继发肺气肿。

在临床上应与下列疾病相鉴别。

（1）喉炎。听诊胸肺部无变化，触诊喉部敏感、咳嗽。

（2）支气管肺炎。全身症状较重，呈弛张热型，叩诊胸部呈岛屿状浊音区，病灶处肺泡音微弱或消失。

（3）肺充血和肺水肿。突然发病，有激烈活动的病史，出现红色或淡黄色泡沫样鼻液。呼吸高度困难，肺部听诊有湿性啰音和捻发音。

（4）肺丝虫病。本病呈慢性经过，在畜群中往往大批发生，镜检粪便可找到虫卵。

（5）肺气肿。气喘，咳嗽，皮下有气泡。二段呼气，沿肋弓出现喘沟。肋间隙增宽，肺部叩诊呈过清音，两肺叩诊界后移。

五、防治

预防感冒，避免物理性或化学性刺激。

治疗原则主要是消除炎症，祛痰止咳，加强护理。

（1）加强护理。畜舍内通风良好且温暖，供给充足的清洁饮水和优质的饲料。

（2）祛痰镇咳。对咳嗽频繁、支气管分泌物黏稠的患畜，可口服溶解性祛痰剂，如氯化铵，10～20克，每日1～2次。若分泌物不多，但咳嗽频繁且疼痛者，可选用镇咳剂，如复方樟脑酊，30～50毫升，口服，每日1～2次。

（3）抗菌消炎。可选用抗生素或磺胺类药物。

① 青霉素，每千克体重0.4万～0.8万国际单位，肌内注射，每日2次，连用2～3天。

② 10%磺胺嘧啶钠溶液，100～150毫升，肌内注射或静脉注射，每日1～2次。

③ 青霉素100万国际单位、链霉素100万国际单位、1%普鲁卡因溶液15～20毫升，将抗生素溶于普鲁卡因内，直接向气管内注射，每日1次。

（4）中药疗法。可选用紫苏散或款冬花散。

① 紫苏散：紫苏、荆芥、防风、陈皮、茯苓、桔梗各25克、姜半夏20克，麻黄、甘草各15克，共研末，生姜30克、大枣10枚为引，一次开水冲服。

② 款冬花散：款冬花、知母、浙贝母、桔梗、桑白皮、地骨皮、黄芩、金银花各30克、杏仁20克，马兜铃、枇杷叶、陈皮各24克，甘草12克。共研末，一次开水冲服。

第十二节　支气管肺炎

一、概述

支气管肺炎又称为小叶性肺炎或卡他性肺炎，是病原微生物感染引起的以细支气管为中心的个别肺小叶或几个肺小叶的炎症。临床上以出现弛张热型、咳嗽、呼吸次数增多、叩诊有散在的局灶性浊音区、听诊有啰音和捻发音等为特征。各种动物均可发

生，幼龄和老龄动物尤为多发。

二、发病原因

（1）原发性病因。主要是不良因素的刺激，如受寒感冒，饲养管理不当，某些营养物质缺乏，长途运输，物理化学因素，过度劳役等，使机体抵抗力降低，特别是呼吸道的防御机能降低，导致呼吸道黏膜上的寄生菌或外源侵入病原微生物的大量繁殖，引起炎症过程。能引起支气管肺炎的非特异性病原体，已发现的有肺炎球菌、坏死杆菌、多种化脓菌、沙门氏杆菌、大肠杆菌及流感病毒、疱疹病毒等。

（2）继发性病因。支气管肺炎大多是由支气管黏膜的炎症蔓延至肺泡而发病。因此，凡是引起支气管炎的原因，都可以引发支气管肺炎。一些化脓性疾病如牛的子宫炎、乳房炎以及阉割后的阴囊化脓等，其病原菌可以通过血液循环进入肺脏而致病。此外，支气管肺炎可继发或并发于许多传染病和寄生虫病的过程中，如结核病、牛恶性卡他热等。

三、临床症状

病初表现干而短的疼痛性咳嗽，逐渐变为湿而长的咳嗽，疼痛减轻或消失，并有分泌物咳出。精神沉郁、食欲减退或废绝、结膜潮红或发绀、体温升高 $1.5 \sim 2.0$℃、多呈弛张热型、脉搏高达 $60 \sim 100$ 次 / 分钟、呼吸高达 $40 \sim 100$ 次 / 分钟。发炎面积越大，呼吸困难越严重。可以出现呼吸性酸中毒，严重的出现肌肉抽搐、昏迷等症状。尿呈酸性、轻度脱水，有时便秘，多站立不动，泌乳量下降。

（1）胸部叩诊。当病灶位于肺的表面时，可发现一个或多个局灶性的小浊音区，融合性肺炎则出现大片浊音区；病灶较深时，则浊音区不明显。胸部听诊，病初，病灶部位肺泡呼吸音减弱，可听到捻发音，当肺泡和支气管内充满渗出物时，则肺泡呼吸音消失。因炎性渗出物的性状不同，随着气流的通过，还可听到干啰音或湿啰音。病变周围健康的肺组织，肺泡呼吸音增强。

（2）血液检查。白细胞总数增多（ $1 \times 10^{10} \sim 2 \times 10^{10}$ 个 / 升），出现核左移现象。年老体弱、免疫功能低下者，白细胞数可能增加不明显，但嗜中性粒细胞比例仍增加。

（3）X 线检查。可见到散在的炎症病灶部阴影，大小不等，似云絮状。当病灶发生融合时，则形成较大片的云絮状阴影，但密度多不均匀。

四、诊断

根据咳嗽、弛张热型，胸部叩诊有岛屿状浊音区，胸部听诊有捻发音、啰音，肺泡呼吸音减弱或消失，血液学检查白细胞总数增多，X线检查出现散在的局灶性阴影等，可以诊断。

但须与下列疾病鉴别。

（1）细支气管炎。呼吸极度困难，热型不定，胸部叩诊音高朗，肺泡呼吸音普遍增强并有各种啰音。

（2）纤维素性肺炎。本病呈高热稽留，病情发展迅速并有定型经过，胸部叩诊呈大片浊音区；听诊肺脏，肝变期时有较明显的支气管呼吸音，典型病例可见铁锈色鼻液。

（3）牛结核。本病发展缓慢，逐渐消瘦，鼻液检查可见结核杆菌，结核菌素试验阳性。

五、防治

加强护理，抗菌消炎，祛痰止咳，制止渗出和促进炎性渗出物吸收，治疗继发性前胃弛缓。

（1）加强护理。将患畜置于通风良好、光线充足、温暖的厩舍中，给予易消化的饲料及清洁的温水。

（2）抗菌消炎。可选用抗生素或磺胺类药物，有条件的可在治疗前取鼻分泌物作细菌的药敏试验，以便对症用药。青霉素500万国际单位、链霉素200万～400万国际单位，肌内注射2次/天；或肌内注射卡那霉素0.4克或丁胺卡那霉素4～5克。

（3）解热镇痛。体温过高时，可加用解热药，如复方氨基比林、安痛定及安乃近等注射液。

（4）祛痰止咳。咳嗽频繁、分泌物黏稠时，可选用溶解性祛痰剂，如氯化铵30克内服；剧烈频繁咳嗽或无痰干咳时，可选用镇痛止咳剂，如复方甘草合剂100～150毫升，口服，每日1～2次。

（5）治疗继发性前胃弛缓，增强机体抵抗力，静脉注射促反刍液。

（6）中药用麻杏石甘汤合黄连解毒汤加味。麻黄20克、杏仁30克、石膏100克、甘草3克、黄连、黄柏、黄芩、栀子各30克、桑白皮30克、瓜蒌50克、苦参50克，水煎服或研末服。

第十三节 大叶性肺炎

一、概述

大叶性肺炎是一种呈典型经过的肺部急性炎症，病变始于局部肺泡，并迅速波及整个或多个大叶。又因细支气管和肺泡内充满大量纤维蛋白性渗出物，故又称为纤维素性肺炎或格鲁布性肺炎。临床上以稽留热型、铁锈色鼻液和肺部出现广泛性浊音区为特征。

二、发病原因

本病的病因，一般认为主要有传染性和非传染性两种。

传染性因素： 某些局限于肺脏的特殊传染病，如牛的传染性胸膜肺炎，牛、羊巴氏杆菌病及由肺炎双球菌引起的肺炎，其主要病理过程为大叶性肺炎。

非传染性因素： 即由变态反应所致，是一种变态反应性疾病，可因中毒、自体感染或由于受寒感冒、过度疲劳、胸部创伤、有害气体的强烈刺激等因素引起。

三、临床症状

病初，体温迅速升高到40～41℃以上，呈稽留热型，一般持续6～9天，以后迅速降至常温。脉搏加快，一般初期体温升高1℃，脉搏增加10～15次/分钟，体温继续升高2～3℃时，脉搏则不再增加，后期脉搏逐渐变小而弱。呼吸迫促，呼吸频率可达60次/分钟，呈混合性呼吸困难，黏膜潮红或发绀。初期出现短而干的痛咳，溶解期则变为湿咳。病初，有浆液性、黏液性或黏液脓性鼻液，在肝变期鼻孔中流出铁锈色或黄红色鼻液。患畜精神沉郁、食欲减退或废绝、反刍停止、泌乳降低，患畜因呼吸困难而采取站立姿势，并发出呻吟声或磨牙。

（1）胸部叩诊。随着病程出现阶段性叩诊音，在充血渗出期，因肺脏毛细血管充血，肺泡壁弛缓，叩诊呈过清音或鼓音；在肝变期，由于细支气管及肺泡内充满炎性渗出物，肺泡内空气逐渐减少，叩诊呈大片性半浊音或浊音，可持续3～5天；在溶解期，因凝固的渗出物逐渐被溶解、吸收和排出，重新呈现清音或鼓音，随着疾病痊愈，叩诊音恢复正常。

牛的浊音区，常出现在肩前叩诊区。大叶性肺炎继发肺气肿时，叩诊肺边缘呈过清音，肺界向后下方扩大。

（2）肺部听诊。也因疾病发展的时期的不同而有一定差异。充血渗出期，由于支气管黏膜充血肿胀，肺泡呼吸音增强，并出现干啰音。以后随肺泡腔内浆液渗出，听诊有湿啰音或捻发音，肺泡呼吸音减弱。当肺泡内充满渗出液时，肺泡呼吸音消失。肝变期，由于肺组织实变，出现支气管呼吸音。溶解期，渗出物逐渐溶解，液化和排除，支气管呼吸音逐渐消失，出现湿啰音或捻发音，最后随疾病的痊愈，呼吸音恢复正常。

（3）血液学检查。白细胞总数显著增加，可达 2×10^{10} 个/升或更多，中性粒细胞比例增加，呈核左移。严重的病例，白细胞减少。

（4）X线检查。充血期可见肺纹理增重，肝变期发现肺脏有大片均匀的浓密阴影，溶解期表现散在不均匀的片状阴影。2~3周后，阴影完全消散。

四、诊断

主要根据稽留热型、铁锈色鼻液、不同时期肺部叩诊和听诊的变化来诊断。血液学检查白细胞总数显著增加，核左移。X线检查肺部有大片浓密阴影，有助于确诊。

但应与胸膜炎、牛传染性胸膜肺炎区别。

（1）胸膜炎。呈无定型热，病的初期可听到胸膜摩擦音。当有渗出液积聚时，叩诊呈水平浊音。

（2）牛传染性胸膜肺炎。呈纤维素性胸膜肺炎变化，有较强的传染性，缓慢呈点状跳跃式传播，多呈地方性流行。往往在冬季或早春发生。

五、防治

治疗原则主要是加强护理，促进溶解，消除炎症，控制继发感染，制止渗出和促进炎性产物吸收。治疗继发性前胃弛缓，增强机体抗病力。

（1）加强护理。将患畜置于通风良好，光线充足、温暖的厩舍中。给予易消化的饲料及清洁的饮水。

（2）抗菌消炎。可用抗生素或磺胺类药物，有条件的可在治疗前取鼻分泌物作细菌的药敏试验，以便对症用药。青霉素320万国际单位、链霉素200万~400万国际单位，肌内注射2次/天；四环素或土霉素，按每千克体重15~25毫克，溶于5%葡萄糖生理盐水500~1 000毫升内，分2次静脉注射，疗效显著，可静脉注射头孢霉素。病的初期应用九一四（新砷矾纳明）效果很好，按每千克体重0.015克，溶于5%葡萄糖生理盐水200~500毫升，静脉注射，间隔3~4天再注射1次，常在注射0.5小时后体温便可下降0.5~1℃。最好在注射前0.5小时先行皮下或肌内注射强心剂（樟脑磺酸钠或苯

甲酸钠咖啡因），待心功能改善后再注入九一四。

（3）解热镇痛。体温过高时，可加用解热药，如复方氨基比林、安痛定及安乃近注射液。

（4）祛痰止咳。咳嗽频繁、分泌物黏稠时，可选用溶解性祛痰剂。如氯化铵30克，内服；剧烈频繁的咳嗽，无痰干咳时，可选用镇痛止咳剂。

（5）治疗继发性前胃弛缓，增强机体抵抗力，用促反刍液。

（6）中药治疗。清瘟败毒散：石膏120克、水牛角30克、桔梗25克、淡竹叶60克、甘草、生地30克、山栀子、丹皮30克、黄芩30克、黄连25克、赤芍30克、元参30克、知母30克、连翘30克，水煎取汁，候温1次灌服。

第十四节　异物性肺炎

一、概述

异物性肺炎又称吸入性肺炎。由于饲料、奶或药物误入气管、肺组织并引起气管和肺组织炎性病理变化；伴随异物进入的腐败性微生物的作用，加剧了炎症过程，导致肺实质的坏死、腐败和分解，临床上形成肺坏疽。

二、发病原因

分原发和继发性两种。

原发性因素：多为医源性的，常见于兽医人员使用胃管、喂食器或投药器粗暴、不熟练而机械性损伤咽部，导致吞咽困难或神经性吞咽障碍。也见于胃管、投食器误插入气管内，而又未检查是否真正插入瘤胃，匆匆将药液、食物灌入。用塑料瓶灌药时，灌药速度过快或牛头吊起过多，牛口大张，致使药液误入气管内。兽医治疗失误所致，如对患有黑斑病甘薯中毒、肺间质气肿而引起呼吸困难的疾病以及患乳热而吞咽障碍牛只，强迫灌药而发生。

继发性因素：常因神经性、意识紊乱性疾病及中毒性疾病导致咽麻痹、吞咽障碍等，如李斯特氏菌病、肉毒梭菌毒素中毒等，都能导致吞咽困难、吞咽麻痹而继发异物性肺炎。

某些意识紊乱的疾病如脑软化、脑缺氧以及乳热都能引起因饲料误咽而发生异物性肺炎。

犊牛异物性肺炎多见于难产时分娩产出时间延长，胎儿吸入羊水；犊牛开始吸吮时，将奶或代乳吸入；治疗时误将药液灌入气管内。此外，患白肌病犊牛，因舌、咀嚼肌以及与吞咽有关的肌肉生理功能受到影响，也是发病主要原因。

三、临床症状

临床症状因吸入异物的性质及其量的不同而异。当大量的、不易吸收的液体进入气管，立即出现不安、呼吸困难、反复咳嗽和结膜发绀，从鼻孔流出或从口腔内吐出泡沫状液体物质，多于1～2天内死亡。

异物吸入量少时，病初精神沉郁，时发咳嗽、气喘。如异物进入支气管，可引起支气管肺炎症状，表现体温升高、脉搏增快、结膜发绀。随病时延长，呼气带难闻气味，鼻孔内流出恶臭脓性鼻液。肺部叩诊，当炎性浸润时呈半浊音或浊音；当已发生肺坏疽并形成空洞时，呈鼓音；空洞与较大的支气管沟通时则形成破壶音。肺部听诊可听到空瓮性呼吸音，有时可听到啰音。病牛食欲减退或废绝，当毒素吸收和细菌转移而呈败血症时，心跳增速，脉搏细而无力。

血液检验见白细胞总数比正常增加两倍，氯化物减少，尿比重增加。痰液镜检可见肺组织碎片、白细胞、红细胞和细菌。

四、诊断

根据病史如有无继发病、误咽及投药等，结合呼气的腐臭味、肺部检查可以作出初步诊断。痰液镜检见肺组织碎片及弹力纤维等可确诊。

五、防治

加强责任心，严格执行兽医技术操作规程，防止异物吸入肺内。对确诊为患咽、食道麻痹、乳热和呼吸困难病牛，严禁经口灌药，并加强对原发病的治疗。

无特效疗法。对病畜治疗与否应根据吸入液体的量和异物成分，结合机体全身情况具体来定。当吸入量大、异物成分难溶解和吸收、刺激性大并呈现呼吸困难、持续性发热等毒血症症状，多因进行性恶化而死亡，治疗无效。

当吸入量少，易吸收，不出现严重呼吸困难和发绀，可采取治疗。

治疗的原则是抗菌、消炎。使用药物是广谱抗菌药物和非皮质类固醇抗炎药物。抗生素使用时间要长，最少要连用2周，以阻止炎症发展。而当肺坏疽出现，以死亡结局。

>> 第二章
消化系统疾病

第一节 牛病毒性腹泻

一、概述

牛病毒性腹泻（黏膜病）是由牛病毒性腹泻病毒引起的传染病，急性死亡病例剖检以消化道黏膜发炎、糜烂和肠壁淋巴组织坏死为特点。主要表现为发热、咳嗽、流涎、腹泻和消瘦，白细胞明显减少。

二、流行病学

各种年龄的牛都易感染、以幼龄牛易感性最高。病牛是主要传染来源，病牛的分泌物、排泄物、血液和脾脏等都含有病毒，主要以直接接触或间接接触方式通过消化道和呼吸道感染，妊娠母牛感染后也可以通过胎盘将病毒传播给胎儿，导致其后代产生高滴度抗体并出现本病的特征性损害。

本病的感染率很高，但一般不表现临床症状，发病率约5%，以6～18个月龄居多，病死率为90%～100%。老疫区的急性病例很少，发病率和病死率很低，隐性感染率达50%以上。本病常年均可发生，冬、春两季较多。

吸吮初乳的犊牛可得到母源抗体，产生被动免疫，并大体维持6个月，当抗体下降到零或一定滴度时，犊牛一旦接触病原，可以受到感染，并出现抗体上升，这种感染和抗体上升在牛群中占70%～80%，3岁及以上的牛可达90%，它们可以终身免疫。

三、临床症状

牛潜伏期自然感染为7～14天。临床表现分急性型和慢性型。

急性型： 多见于幼犊。发病突然，体温升高至40～42℃，持续4～7天，有的还有第二波高热。大量流涎、流泪（图2-1），口腔黏膜（唇内、齿龈和硬腭）（图2-2）和鼻黏膜糜烂或溃疡，严重者整个口腔覆有灰白色的坏死上皮，像被煮熟样。随即发生严重腹泻，呈水样，粪带恶臭，含有黏液或血液。

慢性型： 较少见，病程2～6个月，有的达1年。病畜消瘦，呈持续或间歇性腹泻（图2-3），里急后重，粪便带血或黏膜。鼻镜糜烂（图2-4、图2-5），但口腔内很少有糜烂。蹄叶发炎及趾间皮肤糜烂坏死，致使病畜跛行。

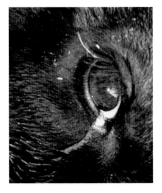

图2-1　眼角流出黏性分泌物

图2-2　齿龈发红

图2-3　排黄色稀粪

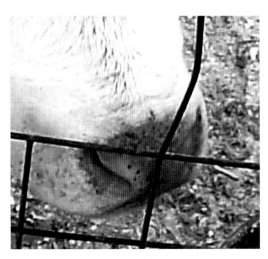

图2-4　病牛鼻镜发红

图2-5　病牛鼻镜发红糜烂

四、病理变化

主要病变在消化道黏膜。口腔黏膜（唇内、齿龈和硬腭）和鼻黏膜糜烂或溃疡，食管黏膜有条状出血和糜烂，瘤胃黏膜糜烂，皱胃黏膜炎性水肿、糜烂，肠道可见卡他性炎症和出血。孕牛感染可引起流产，或产下有先天性缺陷的犊牛（如小脑发育不全、失明等），流产胎儿的口腔、食道、皱胃及气管内可能有出血斑及溃疡。

五、诊断

观察临床症状：多数牛不表现临床症状，牛群中只见少数轻型病例。有时也引起全牛群突然发病。急性病牛腹泻是特征性症状，可持续1～3周。粪便水样、恶臭，有大量黏液和气泡，体温升高。

本病确诊须进行病毒分离，或进行血清中和试验及补体结合试验，实践中以血清中和试验为常用。

六、防治

本病目前尚无有效治疗方法，只有加强护理和对症疗法，增强机体抵抗力，促使病牛康复。

为控制本病的流行并加以消灭，必须采取检疫、隔离、净化、预防等兽医防治措施。预防上，国内已有灭活疫苗上市。

第二节　牛轮状病毒病

一、概述

牛轮状病毒病是由轮状病毒引起的多种幼龄动物的急性胃肠道传染病，多发生于1周龄以内的新生犊牛，以精神委顿、厌食、呕吐、腹泻、脱水为主要特征。

二、流行病学

病牛和隐性感染带毒牛是主要的传染源。随粪便排出的病毒污染环境、饲料和饮水，经消化道传染。1周龄以内的犊牛最易感。多种动物之间可互相传播。本病传播迅速，秋、冬两季发病较多。疾病的发生与寒冷、潮湿、不良的卫生环境有密切关系。轮状病毒有交互感染的作用，只要病毒在人或一种动物中持续存在，就有可能造成本病在自然界中长期传播。另外，本病有可能通过胎盘传染给胎儿。

三、临床症状

潜伏期为1～3天。病犊牛体温正常或略有升高，精神不振，吮乳减少，随后很快出现腹泻，排黄白及绿色水样便且伴有黏液（图2-6），偶见便血，腹泻延长时脱水明显，病情加重，常有死亡。病程10天左右，病死率约8%。但若有继发感染，特别在恶劣气候，病犊感染肺炎，则死亡率将会提高。

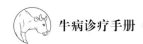
四、病理变化

主要病变在小肠和肠系膜淋巴结。小肠特别是空肠和回肠部黏膜条状或弥漫性出血，肠壁菲薄、半透明，小肠绒毛萎缩，肠内容物呈灰黄或灰黑色液状，肠系膜淋巴结肿大。

五、诊断

图 2-6　病牛排出黄白色稀便

本病发生于寒冷季节，突发水样腹泻，发病率高而病死率一般较低，主要病变在消化道的小肠，根据这些特点，可以作出初步诊断。但应注意与犊牛大肠杆菌病、流行性腹泻等区别。确诊需要借助实验室诊断。

六、防治

注意牛舍防寒保暖，使用疫苗可减少自然发病率。发现病牛应立即将其隔离到清洁、干燥而温暖的牛舍内。开始治疗时，停止喂奶，用葡萄糖甘氨酸溶液（葡萄糖 43.2 克、氯化钠 19.2 克、甘氨酸 6.6 克、柠檬酸 0.52 克、柠檬酸钾 0.13 克、无水磷酸钾 4.35 克，溶于 2 升水中）或葡萄糖氨基酸溶液给病畜自由饮用，也可静脉注射葡萄糖盐水和碳酸氢钠溶液，以防止脱水、脱盐而引起中毒及休克。有继发细菌性感染时，应使用抗菌药物。

第三节　牛冠状病毒病

一、概述

牛冠状病毒病也称新生犊牛腹泻，是由牛冠状病毒引起的犊牛的传染病。临床上以出血性腹泻为主要特征。本病还可引起牛的呼吸道感染和成年奶牛冬季的血痢。

二、流行病学

牛冠状病毒主要感染牛和水牛，人也可发病，乳用犊牛感染多见于 1～9 日龄，腹泻常发生于 7~10 日龄内，肠炎的严重程度与犊牛的日龄、免疫状况、病毒毒株和感染剂量有关。成年奶牛感染后常于冬季发生血痢。本病常呈地方流行性，发病过的牛场，几年内此病可连续发生。消化道和呼吸道是本病的主要传播途径。饲养管理差、寒冷、潮湿可促使本病的发生。

三、临床症状

潜伏期短，约为 1 天，腹泻主要见于 7~10 日龄的犊牛，吃过初乳或未吃过初乳的犊牛均可发病，前者病情较轻。病初，患犊精神沉郁，吃奶减少或停止，排淡黄色的水样粪便、内含凝乳块和黏液，严重的可出现发热、脱水和血液浓缩。腹泻持续 3~6 天，大部分犊牛可以康复，如腹泻特别严重，少数可发生死亡。若继发细菌感染，死亡率可超过 50%。

图 2-7　奶牛排出血痢

成年奶牛冬季可发生血痢，特征为突然发病，表现腹泻，便如黑血样（图 2-7），产奶量急剧下降，同时出现流鼻涕、咳嗽、精神沉郁和食欲不振，发病率可达 50%~100%，但死亡率很低。

牛冠状病毒还可使各种年龄的犊牛发生呼吸道感染，通常呈亚临床症状，最常见于 12~16 周龄牛，患牛出现轻度呼吸道症状。

四、病理变化

主要病变为严重的小肠、结肠炎，肠黏膜上皮坏死、脱落。组织学检查可见小肠绒毛缩短，结肠的上皮细胞由正方形变成短柱形。免疫荧光检查，可发现肠黏膜和肠腺的上皮细胞都有冠状病毒的荧光。

五、诊断

7~10 日龄以内的犊牛，临床症状以腹泻为主，死亡率很低。成年奶牛冬季发生血痢，可初步诊断为本病。因引起犊牛腹泻的原因很多，如轮状病毒病、黏膜病、大肠杆菌病、沙门氏菌病，发病后的症状也与本病相似，故确诊需依靠实验室检查。

六、防治

预防：保持牛舍的清洁、干燥和保温，加强饲养管理，特别是犊牛的护理，及时给犊牛喂初乳。定期检查粪便，检出并淘汰阳性牛，以达到净化牛群的目的。通过对母牛的疫苗接种，使犊牛从初乳中获得高滴度的母源抗体。病毒在 pH 值为 2.5 和 pH 值为 9.7 中稳定，57℃ 10 分钟被破坏，37℃数小时感染性消失，常用消毒剂、乙醚、氯仿、吐温、胰酶及紫外线均可将其灭活。

治疗：目前尚无特效治疗办法，只能对症治疗。对脱水的患牛进行输液，常用复方盐水或生理盐水，最好同时加入 5% 碳酸氢钠或 11.2% 乳酸钠溶液，以解除酸中毒。注射抗生素如环丙沙星、恩诺沙星、氧氟沙星等防止细菌继发感染。用庆大霉素、新霉素、氟苯尼考等制剂可抑制肠道致病菌和呼吸道致病菌。对有血痢症状者，可注射止血剂或内服磺胺脒、药用炭、云南白药。

第四节　白血病

牛白血病是由牛白血病病毒引起的牛的一种慢性肿瘤性疾病，当肿瘤侵及腹腔时，病牛可出现消化不良、顽固性下痢，甚至排出带血的黑褐色粪便。参见"第一章第四节'白血病'"。

第五节　牛炭疽病

一、概述

炭疽是由炭疽芽孢杆菌引起的人畜共患的急性热性败血性传染病。临床上呈现突然高热，可视黏膜发绀和天然孔出血，间或于体表出现局灶性炎性肿胀（炭疽痈）等。剖检以脾脏显著肿大、皮下和浆膜下结缔组织出血性胶样浸润、血液凝固不良为特征。

二、流行病学

各种家畜、野生动物和人均有易感性，其中草食动物最易感，包括牛、羊、马、驴等，猪感染性低，肉食动物更低，家禽一般不感染。病畜和带菌动物是本病的传染源，病原体存在于病畜的各组织器官，通过其分泌物、排泄物，特别是天然孔出血以及病死尸体和内脏等大量散播，污染饲料、饮水、牧地、用具等，经消化道、呼吸道、皮肤黏膜创伤感染，也可经吸血昆虫叮咬感染。当病畜处理不当时，细菌形成的芽孢污染土壤、水源、牧地，可成为长久的疫源地。本病多见于夏秋放牧季节。在吸血昆虫多、雨水泛滥时容易发生流行，一般呈散发性流行，严重时呈地方性流行。

三、临床症状

最急性型： 发病急剧，多在数分钟至数小时死亡。突然发病，全身发抖，站立不稳，倒地昏迷，呼吸、脉搏加快，结膜发绀，天然孔出血（图2-8），迅速死亡。

急性型： 本型最常见，体温升高达42℃，病初兴奋不安，吼叫乱撞，以后高度沉郁，食欲减退或废绝，反刍、泌乳停止，可视黏膜发绀并有出血点，呼吸困难，肌肉震颤，初便秘，后腹泻带血，有时腹痛，或有血尿。妊娠牛可发生流产。濒死前体温下降，气喘，天然孔出血，痉挛，一般经1～2天死亡。

图2-8　病牛天然孔出血

亚急性型： 症状同急性，但病情较缓和。常在喉部、颈部、胸部、胸前、腹下、肩胛或乳房等部皮肤，以及直肠、口腔黏膜等部位发生局限性炎性肿胀，初期硬固有热痛，后期变冷无痛。中央部发生坏死，有时形成溃疡，称为炭疽痈。有时舌肿大呈暗红色，有时发生咽炎，呼吸困难。

四、病理变化

炭疽病牛或疑似炭疽病牛禁止解剖，凡急性死亡、原因不明而又疑似为炭疽的病牛，必须进行细菌学和血清学诊断。

炭疽病牛死后呈败血症病变，尸僵不全，迅速腐败，膨胀，天然孔出血，血凝不良，呈黑红色，如酱油状。黏膜有出血点，皮下、肌间、浆膜呈黄色出血性胶样浸润。全身淋巴结肿大出血，呈黑色或黑红色。脾脏肿大2～5倍，肝、肾充血肿胀，肺充血水肿。胃肠道呈出血性坏死性炎症。

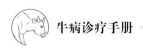

五、诊断

对原因不明而突然死亡或死后天然孔出血且临床诊断发现痈性肿胀、腹痛、高热、病情发展急剧的病牛，应首先怀疑炭疽。确诊可在严密保护下采取天然孔出血或耳尖、尾尖末梢血液制成涂片做实验室检查。

炭疽感染可导致突然死亡，因而易与其他原因引起的突然死亡混淆，如致死性内出血、臌气或代谢性疾病。急性炭疽死亡牛的天然孔流出血染的或暗红色的血样液体，易与后腔静脉血栓形成出血性皱胃溃疡、砷中毒或最急性沙门氏菌病造成的死亡相混淆。

六、防制

急性和最急性病例因病程急不可能治疗。大剂量的青霉素或四环素，对早期病例和较少见的局部炭疽是有效的。发现病牛尽快地隔离治疗，应用青霉素250万～400万单位，肌内注射，每日3～4次，连用3日；也可用四环素治疗。配合使用抗炭疽血清100～200毫克，静脉注射，效果更好。也可应用磺胺嘧啶钠注射液治疗。对皮肤炭疽痈，在其周围分点注射抗生素类药物，并在局部热敷，或用石炭酸棉纱布包扎。

已确诊为炭疽病的牛场，立即实行隔离封锁。病死牛尸体严禁剖检，应立即焚毁或深埋，更严禁食用。对污染的场地要用杀菌消毒药液彻底消毒，焚毁污染的垫草、饲料及其他杂物等。在最后1头病牛死亡或治愈后15天，再未发现新病牛时，经彻底消毒杀菌后，才可以解除封锁。非疫区（即安全区），应加强牛群检疫工作，严防引进外来病牛。每年春、秋两季必须定期给牛只接种1次炭疽芽孢苗。

第六节　犊牛大肠杆菌病

一、概述

犊牛大肠杆菌病是初生犊牛的一种急性传染病，常以急性肠毒血症的形式出现。

二、流行病学

本病主要发生于10日龄以内的犊牛，日龄较大者少见。大群封闭饲养的幼犊最常见。病原性大肠杆菌在病犊的肠道内或各组织器官内大量繁殖，随粪便、尿液等排泄物和分泌物散布于外界。本病主要经消化道感染，也可经子宫内感染和脐带感染。凡引起犊牛抵抗力下降的各种因素均可促使本病发生或使病情加重，如母牛体质不良、饲料中缺乏蛋白质和 / 或维生素、乳房部不卫生等。

三、临床症状

临床表现可分为 3 种类型：

败血型：表现急性败血型经过。主要发生于产后 3 天内的犊牛，潜伏期很短，仅数小时，表现体温升高、精神不振、不吃奶、多数有腹泻、粪似蛋白汤样、淡灰白色，有的未见腹泻即死亡。多发生于吃不到初乳的犊牛。败血型发展很快，常于病后 1 天内死亡。

中毒型：也称肠毒血型，此型比较少见。主要是由于大肠杆菌在小肠内大量繁殖产生毒素所致。急性者未出现症状就突然死亡。病程稍长的，可见典型的中毒性神经症状，先兴奋不安，后沉郁，直至昏迷，死亡。

肠炎型：也称肠型，体温稍有升高，主要表现腹泻。病初排出的粪便呈淡黄色、粥样、有恶臭，继则呈水样、淡灰白色，混有凝血块、血丝和气泡。严重者出现脱水现象，卧地不起，全身衰弱。如不及时治疗，常因虚脱或继发肺炎而死亡。个别病例也会自愈、但以后发育迟缓。

四、病理变化

败血症和中毒症死亡的犊牛，多无明显的病理变化。腹泻的病犊，真胃有凝乳块、黏膜充血、水肿，有胶样黏液。肠内容物混有血液和气泡，小肠、直肠黏膜充血、出血、部分黏膜脱落，肠系膜淋巴结肿大，肝和肾苍白，有出血点，心内膜有出血点。

五、诊断

可根据临床症状、流行情况、饲养状况及剖检变化等综合分析判定。

六、治疗

本病的治疗原则是抗菌、补液、调节胃肠机能和调整肠道微生态平衡。

（1）抗菌。可用抗生素、磺胺类等抗菌药物治疗。

（2）补液。将补液的药液加温，使之接近体温。补液量以脱水程度而定，原则上失多少水补多少水。当有食欲或能自吮时，可用口服补液盐。口服补液盐处方：氯化钠

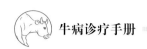

1.5 克、氯化钾 1.5 克、碳酸氢钠 2.5 克、葡萄糖粉 20 克、温水 1 000 毫升。不能自吮时，可用 5% 葡萄糖生理盐水或复方氯化钠液 1 000 ~ 1 500 毫升，静脉注射。发生酸中毒时，可用 5% 碳酸氢钠液 80 ~ 100 毫升。注射时速度宜慢。如能配合适量母牛血液更好，皮下注射或静脉注射，1 次 150 ~ 200 毫升，可增强抗病能力。

（3）调节胃肠机能。可用乳酸 2 克、鱼石脂 20 克、加水 90 毫升调匀，每次灌服 5 毫升，每天 2 ~ 3 次。也可内服保护剂和吸附剂，如次硝酸铋 5 ~ 10 克、白陶土 50 ~ 100 克、活性炭 10 ~ 20 克等，以保护肠黏膜，减少毒素吸收，促进早日康复。有的用复方新诺明，每千克体重是 0.06 克，乳酸菌素片 5 ~ 10 片、食母生 5 ~ 10 片，混合后一次内服，每天 2 次，连用 2 ~ 3 天，疗效良好。

（4）调整肠道微生态平衡。待病情有所好转时可停止应用抗菌药，内服调整肠道微生态平衡的生态制剂。

七、预防

（1）养好妊娠母牛。改善妊娠母牛的饲养管理，保证胎儿正常发育，产后能分泌良好的乳汁，以满足新生犊牛的生理需要。

（2）及时饲喂初乳。为使犊牛尽早获得抗病的母源抗体，在产后 30 分钟内（至少不迟于 1 小时）喂上初乳，第 1 次喂量应稍大些，在常发病的牛场，凡出生犊牛在饲喂初乳前，皮下注射时母牛血液 30 ~ 50 毫升，并及早喂上初乳。

（3）保持清洁卫生。产房要彻底消毒，接产时，母畜外阴部及助产人员手臂用 1% ~ 2% 来苏儿液清洗消毒。严格处理脐带，应距腹壁 5 厘米处剪断，断端用 10% 碘酚浸泡 1 分钟或灌注，防止因脐带感染而发生败血症。要经常擦洗母牛乳头。

第七节 牛沙门氏菌病

一、概述

牛沙门氏菌病又叫牛副伤寒，是由沙门氏细菌所引起的一种传染病，主要由鼠伤寒沙门氏菌、都柏林沙门氏菌或纽波特沙门氏菌所引起。此类细菌除对牛致病外，对其他的多种动物也有致病性。其临床主要特征为下痢和败血症。

二、流行病学

病牛和带菌牛是本病的重要传染源。由粪便、尿、乳汁以及流产的胎儿、胎衣和羊水排出病菌，污染水源和饲料等，最终经消化道感染健康牛群。病牛与健康牛交配或用病公牛的精液人工授精可发生感染。此外，子宫内感染也有可能。有人认为鼠类可传播本病。环境卫生不良、潮湿、牛舍拥挤、长途运输、气候骤变、饲养管理不当等因素能促进本病的发生。成年牛发病呈散发性，常发地区新生犊牛可发病，但一般以出生30～40天以后的犊牛最易感，犊牛发病后传播迅速，往往呈流行性。

据观察，临床上健康的牛带菌现象（特别是鼠伤寒沙门氏菌）相当普遍。病菌可潜藏于消化道、淋巴组织和胆囊内。当外界不良因素使动物抵抗力降低时，在体内发生内源感染。病菌连续通过若干易感家畜，会因毒力增强而扩大传染。

三、临床症状

成年病牛常以高热（40～41℃）、昏迷、食欲废绝、脉搏频数、呼吸困难开始，体力迅速衰竭。大多数牛于发病后12～24小时，粪便中带有血块，不久即变为下痢。粪便恶臭，含有纤维素絮片，间杂有黏膜。下痢开始后体温降至正常或较正常略高。可于发病24小时内死亡，多则于1～5日内死亡。病期延长者可见迅速脱水和消瘦，眼窝下陷，黏膜（尤其是眼结膜）充血和发黄。病牛腹疼剧烈，常用后肢蹬踢腹部。怀孕母牛多数发生流产，从流产胎儿中可发现病原菌。某些病例可能恢复。成年牛有时可取顿挫型经过，病牛发热、食欲消失、精神委顿，产奶量下降，但经过24小时后，这些症状即可减退。还有些牛感染后不表现临床症状，仅从粪中排菌，但数天后则停止排菌。

犊牛群内如存在带菌母牛，则可于生后48小时内即表现拒食、卧地、迅速、衰竭等症状，常于3～5天内死亡。尸体剖检无特殊变化，但从血液和内脏器官中可分离出沙门氏菌。多数犊牛常于10～14日龄以后发病，病初体温升高（40～41℃），24小时后排出灰黄色液体粪便，混有黏液和血丝，一般在病状出现后5～7天死亡，病死率有时可达50%，有时多数病犊可以恢复，恢复后体内很少带菌。病期延长时，腕关节和跗关节可能肿大，有的还有支气管炎和肺炎症状。

四、病理变化

成年牛的病变主要呈急性出血性肠炎。剖检或屠宰时，可看到肠黏膜潮红，常夹杂有出血，大肠黏膜脱落，有局部坏死区。肠系膜淋巴结呈不同程度的水肿，出血。

肝脂肪变性或灶性坏死。胆囊壁增厚，胆汁混浊，呈黄褐色。在病程长的病例，肺部有肺炎区。脾常充血、肿大。

犊牛的病变，急性病例在心壁、腹膜、真胃、小肠和膀胱黏膜有出血斑点，脾充血肿胀。肠系膜淋巴结水肿，有时出血。病程长的病例，肝脏色泽变淡，胆汁常变稠而混浊。肺常有肺炎区。肝、脾和肾有时会有坏死灶。关节损害时，腱鞘和关节腔含有胶样液体。

五、诊断

根据流行病学、临床症状和病理变化，只能作出初步诊断，确诊需从病牛的血液、内脏器官、粪便或流产胎儿胃内容物、肝、脾取材，做沙门氏菌的分离和鉴定。单克隆抗体技术和酶联免疫吸附试验（ELISA）可用来进行本病的快速诊断。

六、防制

预防本病应加强饲养管理，消除发病诱因，保持饲料和饮水的清洁、卫生。采用添加抗生素的饲料添加剂，不仅有预防作用，还可促进牛的生长发育，但应注意地区抗药菌株的出现，如发现对某些药物产生抗药性时，应改用其他的药。目前国内已研制出用于牛的副伤寒菌苗，必要时可选择使用。根据不少地方的经验，可应用自本场（群）或当地分离的菌株，制成单价灭活苗，常可取得良好的预防效果。

本病的治疗，可选用经药敏试验有效的抗生素，如土霉素等，并辅以对症治疗。磺胺类（磺胺嘧啶和磺胺二甲基嘧啶）药物也有效，可根据具体情况选择使用不同的药物。

沙门氏菌不但为害畜禽，而且还可从畜禽传染给人。人类发病往往是因吃了病畜和带菌动物的未经充分加热消毒的乳肉产品而发生食物中毒。为了防止本病从畜禽传染给人，病畜禽应严格进行无害化处理，加强屠宰检验，特别是急宰病畜禽的检验与处理。肉类一定要充分煮熟，家庭和食堂保存的食物注意防止鼠类窃食，以免被其排泄物污染。饲养员、兽医、屠宰人员以及其他经常与畜禽及其产品接触的人员，应特别注意卫生消毒工作。该细菌对干燥、腐败、日光等具有一定的抵抗力，在外界条件下可生存数周或数月。对于化学消毒剂的抵抗力不强，一般常用消毒剂和消毒方法均可达到消毒目的。

第八节　牛巴氏杆菌病

牛巴氏杆菌病是由多杀性巴氏杆菌引起的一种急性热性传染病。败血型患牛表现腹痛，开始下痢，粪便初为粥状，后呈液状，其中混有黏液、黏膜碎片及血液，有恶臭。参见"第一章第六节牛巴氏杆菌病中的'败血型'"。

图 2-9　病牛粪便呈粥样或液状并混有黏液、黏膜片和血液

第九节　牛空肠弯曲杆菌病

一、概述

牛弯曲杆菌病是由弯曲杆菌属细菌所引起的牛及其他动物的不同疾病的总称。与人畜有关的有两种病型，由胎儿弯曲杆菌引起的牛只不育与流产和主要由空肠弯曲杆菌引起牛及其他动物的急性肠炎。空肠弯曲杆菌目前有两个亚种，即空肠亚种和多伊尔亚种。空肠亚种是人畜共患病的重要病原菌，以不同年龄的牛均发生水样腹泻为特征。

二、流行病学

牛弯曲杆菌性腹泻的特征是牛群在冬季发生出血性下痢，病原是空肠弯曲杆菌。本病发生于秋冬季的舍饲牛，寒冷、潮湿的不良气候和不洁、通风不良的饲养管理条件，均可促进本病的发生。无论大小牛均可发生本病，但成年牛病情较重。本病呈地方流行性，流行期为 3 天到 2 星期。患过病的牛群可获得一定的抵抗力，因此本病在某年流行后的 3 ~ 5 年甚至更长时间内很少再发生。患病牛、带菌牛及其他动物是传染源，主要通过污染的饲料和饮水经消化道传播，人和动物及养殖场用具也可传播病原菌。

三、临床症状

本病潜伏期为 3 天，病牛发病突然，一夜之间可使牛群中 20% 的牛只发生腹泻。

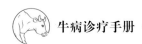

2～3 天后，病情可波及 80% 的牛。病牛排恶臭水样棕色稀粪，牛粪便中常混有血便。大多病牛呼吸、脉搏、体温和食欲正常，少数病情严重，出现明显的全身症状。典型临床症状为病牛精神不振、食欲减退、弓背寒战、虚弱无力，泌乳量下降 50%～95%。一般病程 2～8 天，病牛很少死亡。患牛还可患乳房炎，并从乳汁中排出病菌。

四、病理变化

因本病而死亡的牛只，死后剖检无明显特征性变化。腹泻期稍长的病牛，胃黏膜充血、水肿、出血，覆有胶状黏液，皱褶部出血明显。肠内容物常混有血液、气泡、恶臭、稀水状物质。小肠黏膜充血，在皱褶基部也有出血，部分肠黏膜上皮脱落，直肠也有同样变化。病牛肠系膜淋巴结肿大，肝脏、肾脏呈灰白色，有时有出血点，心肌脆如煮肉状，心内膜也常有出血点。心、肝、肾实质器官呈现浊肿，颗粒变性，肠黏膜下层与黏膜肌层分离，常有大量嗜中性粒细胞浸润，肠黏膜下层有水肿，也常有红细胞存在。

五、诊断

本病多发生于冬季，流行时大小牛均可发病，呈地方流行性，排出水样棕色稀粪，其中常常带有血液，恶臭，这些症状都具有诊断意义。确诊需要进行病原学和血清学诊断。采集病死牛肠内容物、粪便，分别置于清洁或无菌的容器中，送往实验室进行分离培养检查。

六、防治

首先，要严格贯彻执行消毒卫生工作，对患病牛要进行隔离治疗。治疗的关键是要控制传染源，切断任何可能的传播途径。例如对流产地点进行彻底消毒，对被污染的垫草、粪便进行清理，做好无害化处理等。另外，应重视屠宰场的卫生管理，尽量避免肉牛胴体被病原污染。治疗时主要应用对其敏感的抗生素进行。临床推荐使用的抗生素通常包括庆大霉素、四环素、"复方新诺明"（主要成分为磺胺甲恶唑、甲氧苄啶）和氟哌酸等，有一定的疗效，疗程 4～5 天，通常用药后 4 天左右可见较明显效果。此外，腹泻性疾病会导致动物的大量失水、失电解质，因此可应用葡萄糖生理盐水进行静脉滴注。

第十节　牛结核病

牛结核病是由牛型结核分枝杆菌引起的一种人兽共患的慢性传染病，其中肠结核多见于犊牛，以便秘与下痢交替出现或顽固性下痢为特征。参见"第一章第五节牛结核病中的'肠结核'"。

第十一节　副结核病

一、概述

副结核病是由副结核分枝杆菌引起的牛慢性增生性肠炎。病的特征为长期顽固性腹泻和进行性消瘦，肠黏膜高度增厚并形成皱襞，在皱襞褶中藏有大量杆菌，但无结核或溃疡。绵羊和山羊偶也可被感染。

二、流行病学

该病流行缓慢，在牛群中呈隐性感染。各个病例的出现往往间隔较长时间，故易被忽略，留下潜在隐患。多发生在2～6岁的幼龄牛。病牛和带菌牛是本病的主要传染源。通过粪便、尿和乳汁大量排出病原菌，污染牛舍、饲料、饮水和牧场，经消化道感染，也可经子宫内感染。

本病的传播非常缓慢，潜伏期很长，幼年时感染后，多在妊娠、分娩和泌乳时出现临床症状。高产奶牛比低产奶牛严重，母牛比公牛和阉牛发病多。缺乏矿物质、长途运输和饲养管理不当等应激因素可促进本病发生。

三、临床症状

潜伏期数月至两年以上。体温无明显变化，病初只表现食欲减退，逐渐消瘦（图2-10）和泌乳减少。经很长时间才出现本病特征性症状，表现为间歇性或经常性或顽固性的腹泻（图2-11）。排喷射状稀粥样恶臭粪便，混有气泡、黏液和血液凝块。随着病情发展，病牛高度消瘦和贫血，泌乳停止，眼球下陷，常伏卧，被毛粗乱无光，下颌及

图 2-10 病牛消瘦

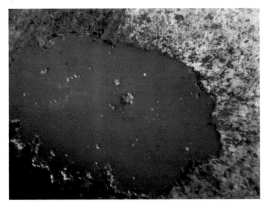

图 2-11 病牛表现反复顽固性下痢，
粪便稀粥样，混有气泡、黏液和血凝块

垂皮水肿，最后因衰竭死亡。

四、病理变化

主要病理变化在消化道。常见于空肠、回肠和结肠前段，特别是回肠，肠黏膜增厚 3 ~ 20 倍，并形成明显的皱褶，但不形成结节与坏死。肠系膜淋巴结通常稍肿大，切面湿润有黄白色病灶，但无干酪样变化。

五、诊断

临床上根据流行特点、临床症状和病理变化特点，特别是长期反复顽固下痢、逐渐消瘦、剖检回肠黏膜增厚、形成明显的皱褶、呈脑回样外观，可作出初步诊断。确诊需进行实验室诊断。对没有临床表现或症状不明显的牛，可用牛副结核菌素或禽型结核菌素做皮内变态反应或进行细菌学检查，以便确诊。

六、防治

本病目前没有有效的免疫和治疗方法。

（1）预防措施。加强饲养管理，尤其是幼年牛，应给以足够的营养，提高抗病能力。加强防疫，不从疫区引进牛只，引进牛时必须做好检疫和隔离观察，确认健康后方可混群。定期检疫，检出过病牛的假定健康牛群，每年应进行 4 次变态反应检疫，连续 3 次阴性时，可视作健康牛群。

（2）扑灭措施。对有明显临床症状和细菌学检查阳性病牛应及时扑杀。对变态反应阳性牛，进行集中隔离，分批淘汰。对变态反应疑似牛要隔离饲养，定期检疫。病牛所产犊牛，立即与母牛隔离，采用人工哺乳，培育健康犊牛群。病牛污染的栏舍、饲槽、用具和运动场等，用生石灰、漂白粉、烧碱等药液进行经常性消毒，粪便经生物热处理消毒。

第十二节　衣原体病

牛衣原体病是由鹦鹉热衣原体感染引起的一种地方流行性的接触性传染病。牛衣原体性肠炎以 5～6 月龄犊牛多发。病犊体温升高到 41～42℃，抑郁，心跳快，出现持久性腹泻，粪便稀薄带血，病犊严重消瘦，脱水。死亡率高。参见"第一章第九节牛衣原体病"。

第十三节　牛球虫病

一、概述

牛球虫病是由艾美耳球虫属的几种球虫寄生于牛肠道引起的以急性出血性肠炎、血痢等为特征的寄生虫病。牛球虫病多发生于犊牛。寄生于牛的各种球虫中，以邱氏艾美耳球虫、斯氏艾美耳球虫的致病力最强，而且最常见。

二、流行病学

各品种的牛都有易感性，以 2 岁内的牛发病率、死亡率最高，老牛多为带虫者。本病多发生于放牧期，特别是放牧在潮湿、多沼泽的牧场时最易发病，应激因素可促使本病的发生。

三、临床症状

潜伏期为 2～3 周，有时达 1 个月以上。犊牛一般为急性经过。病初精神沉郁、被毛粗乱、减食、下痢，不久即排黏液性的血便，甚至带有红黑色的血凝块及脱落的肠黏膜，粪便恶臭（图2-12）。尾部、肛门及臀部被污染成褐色，症状进一步发展后变为黑色，几乎全为血液。病牛弯腰努背，后肢踢腹部，并不断怒责，如果治疗不及时就会因衰弱而死亡。慢性型一般在发病后3~5天逐渐好转，下痢和贫血症状可持续数日。

图 2-12　病牛粪便带血

四、诊断

必须从流行病学、临床症状等方面作出综合分析。临床上犊牛出现血痢和粪便恶臭时，可采用饱和盐水漂浮法检查患犊粪便，查出球虫卵囊即可确诊。在临床上应注意牛球虫病与大肠杆菌病的鉴别。前者常发生于2个月以上犊牛，后者多发生于生后数日内的犊牛且脾脏肿大。从粪便颜色判断，球虫病引起的肠道出血，其粪便呈黑色和带血样。

五、防治

（1）牛球虫病预防应从以下四方面着手。

①犊牛与成年牛分群饲养，以免球虫卵囊污染犊牛的饲料。

②舍饲牛的粪便和垫草需集中消毒或生物热堆肥发酵，在发病时可用1%克辽林对牛舍、饲槽消毒，每周一次。

③被粪便污染的母牛乳房在哺乳前要清洗干净。

④添加药物预防，如氨丙啉，按0.004%~0.008%的浓度添加于饲料或饮水中。或莫能菌素按每千克饲料添加0.3克，既能预防球虫又能提高饲料报酬。

（2）牛球虫病治疗可选用。

①氨丙啉：按每千克体重20~50毫克，一次内服，连用5~6天。

②磺胺二甲氧嘧啶：按每千克体重0.1克口服，每日1次，可连续应用7~10天，对重症牛特别是犊牛，应当进行输液等对症疗法。

③莫能菌素：每吨饲料内加入16~33克。

为了加强药物的治疗效果，对病牛应加强饲养管理，牛舍应干净、清洁、干燥；粪便及时清扫，圈舍应定期消毒；并给予营养丰富、适口性好、易消化的饲料。

第十四节　牛隐孢子虫病

一、概述

牛隐孢子虫病是由隐孢子虫科隐孢子虫属的多种隐孢子虫寄生于牛肠道,特别小肠后端引发的疾病。本病多发生于犊牛,以严重腹泻为特征,给养牛业造成巨大的经济损失。该病还会引起严重的公共卫生问题,为世界上最常见的6种腹泻病之一,也能引起人(特别是免疫功能低下者)患病。

二、流行病学

病畜和带虫者是隐孢子虫病的主要传染源。此外,出入畜舍的猫、狗、鼠及其他野生动物也可能成为传染源。本病的传播主要以粪口途径为主。

隐孢子虫的感染与畜禽的年龄有一定的相关性。一般来说,年龄越小,感染率及发病率越高,且患病后症状越严重,死亡率越高。幼畜极易感染隐孢子虫,随年龄的增长,家畜的免疫功能逐渐增强,其感染率和感染强度降低。

本病的流行有一定的季节性,每年的春夏和初秋为流行的主要季节。

三、临床症状与病理变化

本病潜伏期为3～5天,牛感染后精神沉郁、厌食、腹泻,粪便中带有大量纤维素,有时含有血液。未断奶犊牛主要症状为腹泻,排黄白色水样便,腹泻引起显著脱水,伴随昏睡,食欲不振。患牛生长发育迟缓,极度消瘦,有时体温升高。病期持续2～14天,死亡率可达16%～40%,尤以4～30天内的犊牛死亡率较高。隐孢子虫常作为起始性的条件致病因子,经常与其他肠道病原体并发,使病情复杂化,有的在得到明显康复后仍能复发。

从组织学检查可见隐孢子虫主要感染宿主的空肠后段和回肠,倾向于后端发展至盲肠结肠旋祥,甚至直肠。由于隐孢子虫生活周期短,又能自身感染,这些部位感染速度非常快。

四、诊断

隐孢子虫病的诊断需综合临床症状、病理变化、流行病学、血清学反应、组织学

检查和虫体检查。生前诊断主要通过肠道组织活检和粪便检查，死后诊断则依赖于肠道组织病理学检查或肠黏膜刮取物的检查。

畜禽隐孢子虫病诊断并不困难，主要是从粪便和肠黏膜（空肠、回肠）的刮取物中找到虫体。

五、防治

隐孢子虫卵对各种抗微生物药物，抗寄生虫药物和消毒剂均有很强的抵抗力，还未找到特异性的治疗药物，有人认为螺旋霉素可以减轻腹泻症状，大蒜素也有一定的疗效，但均在临床试验阶段。实际治疗中应采用对症疗法，补充生理盐水。

目前还没有可值得推荐的预防方案，只能从加强饲养管理和卫生防疫措施、提高动物免疫力来控制本病的发生。细胞免疫和体液免疫对消除本虫的感染是必不可少的。不论免疫功能是否正常，感染牛的血中均可检出特异抗体。但因该虫寄生于肠黏膜表面，体液中的抗体可能无法提供完全保护作用，但能降低再感染的严重性。所以对于犊牛而言，应及时饲喂初乳，这对提高犊牛免疫力尤其重要，也是最简单又最有效的预防犊牛腹泻的方法。同时牧场不能一味追求降低成本而使用低质量的代乳粉，否则容易造成一旦发病就是成批发病的不良局面，对牛群今后发育影响深远。

第十五节　日本分体吸虫病

一、概述

日本分体吸虫病俗称血吸虫病，由分体科的日本分体吸虫寄生于人和家畜及野生动物的门静脉及肠系膜静脉内引起的危害严重的人畜共患寄生虫病。

二、流行病学

日本分体吸虫分布于中国、日本、菲律宾及印度尼西亚，在我国分布于南方 13 个省市。主要危害人和牛、羊等家畜，黄牛的感染率和感染强度一般均高于水牛，中间宿主是湖北钉螺。人和动物的感染与接触含有尾蚴的疫水有关。主要感染途径为经皮肤钻入，也可经口、胎盘感染。

三、临床症状

犊牛感染后的症状较重。食欲不振、精神沉郁、体温升高达40～41℃,可视黏膜苍白、水肿、行动迟缓、日渐消瘦。慢性病例表现消化不良、发育迟缓、往往成为侏儒牛。病牛里急后重、下痢,粪便含黏液和血液、甚至块状黏膜。患病母牛发生不孕、流产等。

四、病理变化

主要病变是虫卵沉积于组织中所产生的虫卵结节。在肝脏和肠壁,有粟粒大到高粱米大灰白色的虫卵结节。肠壁肥厚,表面粗糙不平,肠道各段均可找到结节,尤见于直肠。肠黏膜有溃疡斑,肠系膜淋巴结和脾脏肿大,肝肿大、萎缩和硬化。门静脉血管肥厚。其他脏器也可发现虫卵结节。

五、诊断

寄生虫学检查:包括检查粪便虫卵,或将虫卵孵化为毛蚴,剖检病死动物检出成虫,以及检查肝脏、直肠组织中虫卵结节等方法。其中粪便毛蚴孵化法最常用,是血吸虫病诊断的主要手段,实践证明检出率较高,也较可靠。

免疫学检查方法很多。目前动物血吸虫病的免疫诊断方法主要用环卵沉淀试验,间接红细胞凝集试验、酶联免疫吸附试验作为过筛辅助性诊断。

六、防治

预防必须采取消灭病原体、切断传播途径、保护动物的综合性防治措施,积极治疗病人畜,管好粪便和用水,消灭钉螺,安全放牧,防止病牛调动,注意牛只更新工作。

治疗可用:吡喹酮、硝硫氰胺、血防846、敌百虫等。

第十六节　口炎

一、概述

口炎是口腔黏膜炎症的总称,包括腭炎、齿龈炎、舌炎、唇炎等,临床上以采食、咀嚼障碍和流涎为特征,以卡他性口炎、水疱性口炎和溃疡性口炎较为常见。

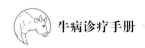

二、发病原因

原发性口炎：主要由于口腔黏膜遭受机械性、理化性等刺激引起。常见病因有①采食粗硬、有芒刺或刚毛的饲料，或者饲料中混有尖锐异物；②不正确地使用口衔、开口器或锐齿直接损伤口腔黏膜；③抢食过热的饲料或灌服过热的药液；④采食冰冻饲料、霉败饲料或有毒植物（如毛茛、白头翁等）；⑤不适当地口服刺激性或腐蚀性药物（如水合氯醛、稀盐酸等）或长期服用汞、砷、碘制剂；⑥采食了带有锈病菌、黑穗病菌的饲料或发芽的马铃薯；⑦当受寒或过劳、防卫机能降低时，可因口腔内的条件病原菌，如链球菌、葡萄球菌、螺旋体等的侵害而引起口炎。

继发性口炎：常继发或伴发于换牙、咽炎、喉炎、唾液腺炎、急性胃卡他、肝炎、血斑病、贫血、维生素A缺乏症、佝偻病，汞、铜、铅、氟中毒等普通病，以及口蹄疫、传染性水疱性口炎、牛恶性卡他热、蓝舌病、坏死杆菌病、放线菌病等传染性疾病。

三、临床症状

各种类型的口炎都会引起牛的采食、咀嚼缓慢甚至不敢咀嚼，拒食粗硬饲料，常吐出混有黏液的草团，流涎，口角附着白色泡沫；口腔黏膜潮红、肿胀、疼痛、口温增高、带臭味等共同症状。另外，每种类型的口炎还有其特有的临床症状。

卡他性口炎：口腔黏膜弥漫性或斑块状潮红，硬腭肿胀；由植物芒刺或刚毛所致的病例，在口腔内的不同部位会形成大小不等的丘疹，其顶端呈针头大的黑点，触之坚实、敏感；舌苔为灰白色或草绿色。重症病例，唇、齿龈、颊部、腭部黏膜肿胀甚至发生糜烂，大量流涎。

水疱性口炎：在唇部、颊部、腭部、齿龈、舌面的黏膜上有散在或密集的粟粒大至蚕豆大的透明水疱，2～4天后水疱破溃形成边缘不整齐的鲜红色烂斑，间或有轻微的体温升高。

溃疡性口炎：首先表现为齿龈部分肿胀，呈暗红色，易出血。1～2天后，病变部变为淡黄色或黄绿色糜烂性坏死。炎症常蔓延至口腔其他部位，导致溃疡、坏死甚至颌骨外露，散发出腐败臭味，流涎，混有血丝，带恶臭。如因异物损伤口黏膜时，流涎并混有血液，有创伤和烂斑，并形成溃疡。病重者，体温升高。

四、诊断

原发性口炎，根据咀嚼缓慢、流涎及口腔黏膜潮红、肿胀、水泡、溃疡等炎症变化，可作出诊断。但应注意与继发性口炎及其他类症相鉴别。

五、防治

预防应搞好平时的饲养管理，合理调配饲料；正确服用带有刺激性或腐蚀性的药物；正确使用口衔和开口器；定期检查口腔，牙齿磨灭不整时，应及时修整。

（1）治疗原则。消除病因，加强护理，净化口腔，收敛和消炎。

（2）治疗措施。

①加强护理。应给予营养丰富、柔软而易消化的青绿饲料；对于不能采食或咀嚼的动物，应及时补糖输液，或者经胃导管给予流质食物。

②消除病因。摘除刺入口腔黏膜中的麦芒，剪断并锉平过长齿等。

③口腔局部净化收敛。可用 2%～3% 硼酸溶液、1% 鞣酸溶液、0.1% 高锰酸钾、1%～2% 食盐溶液等冲洗口腔。口腔溃疡面涂布可用 2% 龙胆紫溶液、碘甘油（5% 碘酊 1 份、甘油 9 份），或 5% 磺胺甘油乳剂。中医治疗，可用青黛散：（青黛 15 克、薄荷 5 克、黄连 10 克、黄柏 10 克、桔梗 10 克、儿茶 10 克）混合，研成细末，吹洒患部或口噙法，即装入纱布袋内，在水中浸湿，衔于病畜口中，饲喂时暂时取出，每日或隔日换药一次。

④全身用药。肌内注射维生素 B_2 100～150 毫克和维生素 C 2～4 克。重剧口炎，还应使用磺胺类药物或抗生素。

第十七节　咽炎

一、概述

咽炎是咽黏膜、黏膜下组织和淋巴组织的炎症，以卡他性较为常见，其特征为吞咽困难和流涎。

二、发病原因

原发性咽炎：多因机械性、化学性或冷热刺激所引起。采食粗硬的饲料或霉败的饲料、过冷或过热的饲料，受刺激性强的药物、强烈的烟雾、刺激性气体的刺激和损伤，或者受寒或过劳时，机体抵抗力降低，防卫能力减弱，再受到链球菌、大肠杆菌、巴氏杆菌、沙门氏菌、葡萄球菌、坏死杆菌等条件性致病菌的侵害。

继发性咽炎：常继发于口炎、鼻炎、喉炎、炭疽、巴氏杆菌病、口蹄疫、恶性卡

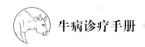

他热等疾病。

三、临床症状

由于咽部红、肿、热、痛和吞咽障碍，各种类型的咽炎患畜都具有不同程度的头颈伸展、转动不灵活、吞咽困难；因炎症刺激，唾液分泌增多而又咽下困难，故大量流涎；牛呈现哽噎运动；当炎症波及喉时，病畜咳嗽，触诊咽喉部时病畜敏感。各种类型咽炎的特有症状如下。

卡他性咽炎：病情发展较缓慢，最初不易引起人们的注意。经3～4天后，头颈伸展、吞咽困难等症状逐渐明显。咽部视诊（用鼻咽镜），咽部的黏膜和扁桃体潮红，轻度肿胀。全身症状一般较轻。

格鲁布性咽炎：起病较急，颌下淋巴结肿胀，鼻液中混有灰白色伪膜；咽部视诊，扁桃体红肿，咽部黏膜表面覆盖有灰白色伪膜，将伪膜剥离后，见黏膜充血、肿胀，有的可见到溃疡。

化脓性咽炎：病畜咽痛拒食，高热，精神沉郁，脉率增快，呼吸急促，鼻孔流出脓性鼻液。咽部视诊，咽部黏膜肿胀、充血，有黄白色脓点和较大的黄白色突起；扁桃体肿大，充血，并有黄白色脓点。血液检查为白细胞数增多，中性粒细胞显著增加，核型左移。咽部涂片检查可发现大量的葡萄球菌、链球菌等化脓性细菌。

重剧病例，由于炎性产物的吸收，引起恶寒战栗、体温升高，并因扁桃体高度肿胀、深部组织胶样浸润、喉口狭窄而呼吸困难，甚至发生窒息而死亡。

四、诊断

根据病畜头颈伸展、流涎、吞咽障碍以及咽部视诊的特征病理变化，可作出诊断。

五、防治

预防应搞好平时的饲养管理工作，注意饲料的质量和调制；应用胃管等诊断与治疗器械时，操作应细心，避免损伤咽黏膜；搞好圈舍卫生，防止受寒、过劳；及时治疗原发病。

（1）治疗原则。加强护理，抗菌消炎，清咽利喉，对症治疗。

（2）治疗措施。病初，咽喉部冷敷，重剧咽炎可行封闭疗法；后热敷，每日3～4次，每次20～30分钟。也可咽喉部外敷或涂抹樟脑酒精、鱼石脂软膏或止痛消炎膏等药物。

严重咽炎应使用抗生素或磺胺类药物。青霉素为首选抗生素，应与链霉素、庆大霉素等联合应用。青霉素 1 万 ~ 2 万国际单位 / 千克体重，链霉素 10 ~ 15 毫克 / 千克体重，肌内注射，每天 2 次，连用 5 天。适时应用解热止痛剂：10% 水杨酸钠液 10 毫升，静脉注射。

护理： 加强护理，停喂粗硬饲料，给予青草、优质青干草、多汁易消化饲料和麸皮粥。对于咽痛拒食的动物，应及时补糖输液，种畜和宠物还可静脉输给氨基酸。禁止使用胃管投食或投药。

第十八节　食管阻塞

一、概述

食管阻塞，俗称"草噎"，是食管被食物或异物阻塞的一种严重食管疾病。本病常见于牛，偶尔发生于羊。

二、发病原因

牛的原发性食管阻塞，通常发生于采食甘薯、马铃薯、甜菜、苹果、玉米穗、豆饼块、花生饼等大块饲料时，因咀嚼不充分、吞咽过急而引起阻塞。此外，还可因误咽破布、塑料薄膜、毛线球、木片或胎衣、煤块、小石子等异物而发病。继发性食管阻塞，常继发于食管狭窄、食管麻痹、食管炎等疾病。

三、临床症状

病牛突然停止采食，惊恐不安，摇头缩颈，张口伸舌，大量流涎，频繁呈现吞咽动作。颈部食管阻塞时，外部触诊可感阻塞物；胸部食管阻塞时，在阻塞部位上方的食管内积满唾液，触诊能感到波动并引起哽噎运动。胃导管探诊，当触及阻塞物时，感到阻力，不能推进。

由于嗳气障碍而发生瘤胃臌胀，大块饲料或异物引起的阻塞，若经 2 ~ 3 天不能排出，即引起食管壁组织坏死甚至穿孔。

四、诊断

（1）根据病史和大量流涎、呈现吞咽障碍等症状，结合食管外部触诊、胃管探诊可得出正确诊断。

（2）X射线检查。在完全性阻塞或阻塞物质地致密时，阻塞部呈块状密影。

五、防治

预防主要是饲喂要定时定量，勿使动物过度饥饿，防止采食过急；合理调制饲料，如豆饼要泡软，块根类饲料要适当切碎等。牛、羊在秋季通过种植块根类饲料地段时，要快速通过，防止急促贪食块根饲料。

（1）治疗原则。解除阻塞，疏通食管，消除炎症，加强护理和预防并发症的发生。

（2）治疗措施。急则治其标，缓则治其本。当牛因食道阻塞而引起重剧瘤胃臌气时，应先进行瘤胃穿刺放气，而后再选用下列方法除去食道内阻塞物。

① 取出阻塞物。对采食马铃薯、甘薯等块根类饲料引起的颈部食道阻塞，可用两手从食道外部将阻塞物推向咽部，而后装上开口器，用光滑的铁丝套出阻塞物。

② 将阻塞物推送入瘤胃。若块根类饲料引起胸部食道阻塞，可用胃管先将食道中蓄积的液体导出，然后向胃管内注入2%盐酸利多卡因溶液30～50毫升，经5～10分钟后，再注入液体石蜡或豆油150～300毫升。再用胃管将阻塞物小心推入胃中，推送时每次推动2～3厘米，将胃管适当向外拔出，再向内推送，以免阻塞物滚动导致胃管前端方向改变使食道破裂。若胃管过软，可于胃管内适当夹入硬物，如钢筋、长的枝条等。或接上打气筒，慢慢打气，边打气边推进胃管，直至将阻塞物送入瘤胃中。

③ 冲洗食道。若阻塞物为饼类或粉碎的饲料，可用胃导管插入食道，先导出其中的唾液，再注入适量的温水，然后再导出。如此反复进行洗出，常可达到治疗的目的。也可先导出食道中的唾液，再灌入油类200～300毫升及温水，然后接上打气筒打气，将阻塞物冲洗进瘤胃。

④ 手术疗法。若经上述方法治疗无效或坚硬异物引起颈部食道阻塞，则采用手术治疗。

食道疏通后应及时治疗食道炎，给予柔软的饲草，适当喂给粥状的饲料。病程较长的，应及时强心、补糖、补液，维持机体营养。

第十九节　前胃弛缓

一、概述

前胃弛缓是由各种病因导致前胃神经兴奋性降低、肌肉收缩力减弱、瘤胃内容物运转缓慢、微生物区系失调，产生大量发酵和腐败的物质，引起消化障碍，食欲、反刍减退，乃至全身机能紊乱的一种疾病。

二、发病原因

原发性前胃弛缓：又称单纯性消化不良，发病原因主要是饲养管理不当。长期饲喂粉状饲料或精饲料，或突然食入过量的适口性好的饲料；食入过量不易消化的粗饲料，如麦糠、秕壳、半干的山芋藤、紫云英、豆秸等；饲喂变质或冰冻饲料；突然改变饲养方式，饲料突变，频繁更换饲养员和调换圈舍，劳役与休闲不均等；误食塑料袋、化纤布，或分娩后的母牛食入胎衣；矿物质和维生素缺乏，特别是缺钙时，血钙水平低，致使神经 - 体液调节机能紊乱，引起单纯性消化不良。

此外，治疗用药不当，如长期大量服用抗菌药物，瘤胃内正常微生物区系受到破坏而发生消化不良。

应激因素的影响在本病的发生上起重要作用。由于严寒、酷暑、饥饿、疲劳、分娩、断乳、离群、恐惧、感染与中毒等因素或手术、创伤、剧烈疼痛的影响，引起应激反应，发生单纯性消化不良。

继发性前胃弛缓：常继发于热性病以及多种传染病、寄生虫病和某些代谢病（骨软症、酮病）过程中。

三、临床症状

急性型：病畜食欲减退或废绝，反刍减少、短促、无力，嗳气增多并带酸臭味；奶牛和奶山羊泌乳量下降；体温、呼吸、脉搏一般无明显异常。瘤胃蠕动音减弱，蠕动次数减少；触诊瘤胃，其内容物黏硬或呈粥状。病初粪便变化不大，随后粪便变为干硬、色暗，被覆黏液。如果伴发前胃炎或酸中毒时，病情急剧恶化，呻吟、磨牙、食欲废绝，反刍停止，排棕褐色糊状恶臭粪便；精神沉郁，黏膜发绀，皮温不整，体温下降，脉率增快，呼吸困难，鼻镜干燥，眼窝凹陷。

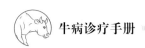

慢性型：通常由急性型前胃弛缓转变而来。病畜食欲不定，发生异嗜；反刍不规则，短促、无力或停止，嗳气减少。病情时好时坏，日渐消瘦、被毛干枯、无光泽，皮肤干燥、弹性减退；精神不振，体质虚弱。瘤胃蠕动音减弱或消失，内容物黏硬或稀软，瘤胃轻度臌胀；老牛病重时，呈现贫血与衰竭，并常有死亡发生。

四、诊断

（1）症状诊断。病畜食欲减退或废绝，反刍减少，嗳气增多，瘤胃蠕动微弱。

（2）剖检诊断。瘤胃胀满，黏膜潮红，有出血斑；瓣胃容积显著增大，瓣叶间内容物干燥，形同胶合板状。

（3）实验室诊断。瘤胃液 pH 值下降至 5.5 以下；纤毛虫活力降低，数量减少至 7.0 万 / 毫升左右；糖发酵能力降低。

（4）表现前胃弛缓症状的类症鉴别如下。

① 瘤胃积食。多因过食引起；腹部膨大，瘤胃涨满，触压坚硬。

② 创伤性网胃炎。起卧、站立或行走时姿势异常；对网胃区触诊或叩诊，病畜表现疼痛；体温中度升高。

③ 奶牛酮病。多发于产后；乳汁、尿液、呼出气体有酮气味。

④ 皱胃变位。通常于分娩后突然发病；在左侧倒数 1～3 肋间叩诊，可听到典型的钢管音。

⑤ 瘤胃臌胀。腹部臌大，左肷凸出，叩诊呈鼓音；眼结膜潮红，呼吸困难。

⑥ 皱胃阻塞。右腹部皱胃区局限性膨隆，触压坚硬；左肷部结合叩诊肋骨弓进行听诊，呈现类似叩击钢管的铿锵音。

⑦ 瘤胃酸中毒。体温正常或偏低，具有蹄叶炎和神经症状；瘤胃液 pH 值降至 6 以下。

五、防治

本病预防的关键在于加强饲养管理，合理配合日粮，不突然改变饲料，不喂霉变饲料和不洁的饮水；舍饲家畜要有适当的运动和光照。役畜不可劳役过度。

（1）治疗原则。除去病因，加强护理，增强前胃机能，制止腐败发酵，改善瘤胃内环境，恢复正常微生物区系，对症治疗。

（2）治疗措施。

① 兴奋胃肠蠕动机能可选用如下药物。

五酊合剂：番木鳖酊 20 毫升、豆蔻酊 20 毫升、龙胆酊 20 毫升、缬草酊 20 毫升、橙皮酊 20 毫升、常水 500 毫升，混合 1 次内服，每日 2 次，连用 2 ~ 5 天。

加味扶脾散：党参 50 克、黄芪 50 克、茯苓 40 克、厚朴 40 克、陈皮 40 克、槟榔 50 克、枳壳 30 克、肉桂 20 克、苍术 30 克、白芍 30 克、甘草 20 克、神曲 50 克，共为末，开水冲，候温灌服。凉后加入消化酶制剂适量，效果更好。

应用 10% 氯化钠注射液或促反刍液静脉注射。促反刍液：10% 氯化钠注射液 500 毫升、20% 安钠咖注射液 10 毫升、10% 的氯化钙注射液 100 毫升，混合后静脉注射，1 次 / 天。

应用拟胆碱药：新斯的明 0.01 ~ 0.02 克或氨甲酰胆碱 1 ~ 2 毫克，皮下注射。但对心脏机能不全或妊娠母牛，禁用拟胆碱类药物，防止虚脱和流产。

② 生物接种。对病程较长、瘤胃内 pH 值发生改变的病牛，为改善瘤胃内生物学环境，提高纤毛虫的活力，可先对病牛洗胃，使瘤胃内 pH 值达到正常范围，再接种健康牛的瘤胃内容物。可在健康牛反刍时抢取刚反出的草团 3 ~ 5 个，用温生理盐水 1 000 ~ 2 000 毫升。稀释，弃去长草，给病牛灌服。也可用胃管先给健康牛灌服温生理盐水 8 000 ~ 12 000 毫升，而后导出其瘤胃内容物，加适量温生理盐水混合后，用胃管灌服，效果良好。

③ 缓泻和止酵。可用硫酸镁（或硫酸钠）500 克，鱼石脂 20 克，75% 酒精 100 毫升，温水 8 000 ~ 10 000 毫升，混合溶解后 1 次胃管投服。

④ 对症治疗。当出现心脏衰弱和自体中毒时，可用 25% 葡萄糖注射液 1 000 毫升，20% 安钠咖注射液 20 毫升，5% 维生素 C 注射液 20 毫升，混合后 1 次静脉注射，有强心、利尿、解毒作用。当瘤胃内容物 pH 值降低，自体中毒明显时，静脉输入等渗糖盐水，配合应用 5% 碳酸氢钠注射液 500 毫升，静脉注射。

对前胃弛缓病牛，若瘤胃内容物较多可绝食 1 ~ 2 天，以后给予易消化的富有营养的饲料，如青草、优质干草、切碎的块根饲料等，减少或停喂精料。充足给予饮水，愈后应逐渐增加精料、饲草的饲喂量，同时应适当运动。

第二十节　瘤胃积食

一、概述

瘤胃积食又称急性瘤胃扩张，是反刍动物贪食大量粗纤维饲料或容易膨胀的饲料

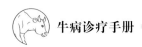

引起瘤胃扩张、瘤胃容积增大、内容物停滞和阻塞以及整个前胃机能障碍，形成脱水和毒血症的一种严重疾病。

二、发病原因

主要是由于贪食大量粗纤维饲料或容易膨胀的饲料，如豆秸、山芋藤、老苜蓿、花生蔓、紫云英、谷草、稻草、麦秸、甘薯蔓等，缺乏饮水，难于消化所致。过食麸皮、棉子饼、酒糟、豆渣等也能引起瘤胃积食。因误食大量塑料薄膜而造成积食的情况也时有发生。

突然改变饲养方式以及饲料突变、饥饱无常、饱食后立即使役或使役后立即饲喂等，都能影响瘤胃消化功能，引起本病的发生。各种应激因素的影响，如过度紧张、运动不足、过于肥胖或因中毒与感染等，也常引起本病的发生。

本病也常常继发于前胃弛缓、创伤性网胃腹膜炎、瓣胃阻塞、皱胃阻塞等疾病过程中。

三、临床症状及病理变化

常在饱食后数小时内发病。病畜不安，目光凝视，拱背站立，回顾腹部或后肢踢腹，间或不断起卧；食欲废绝、反刍停止、虚嚼、磨牙、时而努责，常有呻吟、流涎、嗳气，有时作呕或呕吐。病畜便秘，粪便干硬，色暗，间或发生腹泻。

腹部膨胀，左肷部充满，触诊瘤胃时病畜表现敏感，内容物坚实或黏硬，指压留痕，有的病例呈粥状；瘤胃蠕动音减弱或消失。

瘤胃内容物检查：内容物 pH 值一般由中性逐渐趋向弱酸性；后期，纤毛虫数量显著减少。瘤胃内容物呈粥状，恶臭时，表明继发中毒性瘤胃炎。

重症后期，瘤胃积液，呼吸急促，脉率增快，黏膜发绀，眼窝凹陷，呈现脱水及心力衰竭症状。病畜衰弱，卧地不起，陷于昏迷状态。

病理变化为瘤胃极度扩张，其内含有气体和大量腐败内容物，胃黏膜潮红，有散在出血斑点；瓣胃叶片坏死；各实质器官淤血。

四、诊断

根据本病的主要症状：病畜不安，食欲废绝，反刍停止，瘤胃蠕动音减弱或消失，触诊瘤胃内容物坚实，结合"过食病史"即可确诊。

五、防治

加强饲养管理，防止突然变换饲料或过食；奶牛、肉牛按日粮标准饲喂；耕牛不要劳役过度；避免外界各种不良因素的影响和刺激。

（1）治疗原则。加强护理，促进瘤胃内容物排出，增强瘤胃蠕动机能，对症治疗。

（2）治疗措施。首先绝食1～2天，给予清洁饮水。但如果吃了大量容易膨胀的饲料，则要限制饮水。促进瘤胃蠕动，加速瘤胃内容物排出。对轻度积食的病牛，可进行瘤胃按摩，每次20～30分钟，每日3～4次，结合灌服酵母粉（250～500克）或适量温水，并进行适当牵遛运动，则效果更好；对较重的病例，需内服泻剂，并配合使用止酵剂。可用硫酸钠（或硫酸镁）300～500克、液体石蜡（或植物油）500～1 000毫升、鱼石脂20克、酒精50毫升、温水5～8升，一次内服。

增强瘤胃蠕动机能，促进反刍。除可进行瘤胃按摩外，还可使用瘤胃兴奋药、促反刍液（见前胃弛缓）、拟胆碱药等进行治疗。对病程长且伴有脱水和酸中毒的病例，需强心补液，解除酸中毒。对危重病例，当认为使用药物治疗效果不佳时，或怀疑为食入塑料薄膜而造成的顽固病例，且病畜体况尚好时，应及早施行瘤胃切开术，取出瘤胃内容物，用1%温食盐水冲洗，并接种健畜的瘤胃液。

第二十一节　瘤胃臌气

一、概述

瘤胃臌气又称瘤胃臌胀，主要是因采食了大量容易发酵的饲料，在瘤胃内微生物的作用下异常发酵，迅速产生大量气体，致使瘤胃急剧膨胀，膈与胸腔脏器受到压迫，呼吸与血液循环障碍，发生窒息现象的一种疾病。按病因分为原发性臌胀和继发性臌胀；按病的性质分为泡沫性臌胀和非泡沫性臌胀。

二、发病原因

原发性瘤胃臌胀：主要是因采食大量容易发酵的饲草、饲料而引起。饲料突变，饲喂后立即使役或使役后马上喂饮，特别是舍饲转为放牧时，更容易导致急性瘤胃臌胀的发生。

继发性瘤胃臌胀：常继发于前胃弛缓、创伤性网胃炎、瓣胃阻塞、食管阻塞等疾病。

泡沫性臌胀：由于采食了大量含蛋白质、皂苷、果胶等物质的豆科牧草，如新鲜的豌豆蔓叶、苜蓿、草木樨、红三叶、紫云英等，或者喂饲多量的谷物性饲料，如玉米粉、小麦粉等也能引起泡沫性臌气。

非泡沫性臌胀：主要是采食了幼嫩多汁的青草、品质不良的青贮饲料、霉败饲草、或者经雨、露、霜、雪侵蚀的饲料而引起。另外，继发性病因常引起非泡沫性臌胀。

三、临床症状

急性瘤胃臌胀通常在采食易发酵饲料后不久发病，甚至在采食中发病。表现不安或呆立，回顾腹部，反刍和嗳气停止，食欲废绝。腹部迅速膨大，左肷窝明显突起，严重者高过背中线。腹壁紧张而有弹性，叩诊呈鼓音；瘤胃蠕动音初期增强，常伴发金属音，后期减弱或消失。因腹压急剧增高，病畜呼吸困难，严重时伸颈张口呼吸，呼吸数增至 60 次／分钟以上；心悸、脉率增快，可达 100 次／分钟以上。胃管检查：非泡沫性臌胀时，从胃管内排出大量酸臭的气体，臌胀明显减轻；而泡沫性臌胀时，仅排出少量气体，而不能解除臌胀。病的后期，心力衰竭，静脉怒张，呼吸困难，黏膜发绀；目光恐惧，全身出汗、站立不稳，步态蹒跚，最后倒地抽搐，终因窒息和心脏麻痹而死亡。

慢性瘤胃臌胀，病情弛张，瘤胃中度臌胀，时长时消，常为间歇性反复发作，呈慢性消化不良症状。

四、诊断

（1）症状诊断。急性瘤胃臌胀，根据采食大量易发酵性饲料后很快发病，腹部臌大，左肷凸出、以及呼吸极度困难、血液循环障碍，确诊不难。

（2）胃管检查。插入胃管是区别泡沫性臌胀与非泡沫性臌胀的有效方法。此外，也可用瘤胃穿刺方法进行鉴别。泡沫性臌胀，只能断断续续地从套管针内排出少量气体，针孔常被堵塞而排气困难；非泡沫性臌胀，则排气顺畅，臌胀明显减轻。

五、防治

预防应加强饲养管理。禁止饲喂霉败饲料，尽量少喂堆积发酵或被雨露浸湿的青草。在饲喂易发酵的青绿饲料时，应先饲喂干草，然后再饲喂青绿饲料。由舍饲转为放牧时，最初几天要先喂一些干草后再出牧，并且还应限制放牧时间及采食量。不让牛进入到苕子地、苜蓿地暴食幼嫩多汁豆科植物。舍饲育肥动物，应该在全价日粮中至少含有 10%～15% 的粗料。

（1）治疗原则。加强护理，排除气体，止酵消胀，恢复瘤胃蠕动和对症治疗。

（2）治疗措施。根据病情的缓急、轻重以及病性的不同，采取相应有效的措施进行排气减压。

对较轻的病例，可使病畜保持前高后低的体位，在小木棒上涂鱼石脂（对役畜也可涂煤油）后衔于病畜口内，同时按摩瘤胃，促进气体排出。严重病例，当有窒息危险时，应实行胃管放气或瘤胃穿刺放气（间歇性放气），但这两种方法仅对非泡沫性臌胀有效。排气后可直接通过胃管或穿刺针向瘤胃内灌入或注入止酵剂、消沫剂。非泡沫性臌胀可用鱼石脂 5 克、松节油 30 毫升、95% 酒精 40 毫升穿刺放气后瘤胃内注入；泡沫性臌胀可用二甲基硅油 3～5 克，配成 2%～5% 酒精溶液一次灌服。也可用松节油 20～60 毫升，临用时加 3～4 倍植物油稀释灌服。

排出胃内容物，可用盐类或油类泻剂如硫酸镁 800 克加常水 3 000 毫升溶解后，一次灌服。增强瘤胃蠕动，促进反刍和嗳气，可使用瘤胃兴奋药、拟胆碱药等进行治疗。此外，调节瘤胃内容物 pH 值可用 3% 碳酸氢钠溶液洗涤瘤胃。注意全身机能状态，及时强心补液，进行对症治疗。当药物治疗效果不显著时，特别是严重的泡沫性臌胀，应立即施行瘤胃切开术，取出其内容物。

慢性瘤胃臌胀多为继发性瘤胃臌胀，除应用急性瘤胃臌胀的疗法缓解臌胀症状外，还必须彻底治疗原发病。

第二十二节　瘤胃酸中毒

一、概述

瘤胃酸中毒是因采食大量的谷类或其他富含碳水化合物的饲料后，导致瘤胃内产生大量乳酸而引起的一种急性代谢性酸中毒。其特征为消化障碍、瘤胃运动停滞、脱水、酸血症、运动失调、衰弱，常导致死亡。本病又称乳酸中毒、反刍动物过食谷物、谷物性积食、乳酸性消化不良、中毒性消化不良、中毒性积食等。

二、发病原因

给牛饲喂大量谷物，如大麦、小麦、玉米、稻谷、高粱及甘薯干，特别是粉碎后

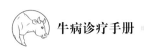

的谷物，在瘤胃内高度发酵，产生大量的乳酸而引起瘤胃酸中毒。

舍饲肉牛若不按照由高粗饲料向高精饲料逐渐变换的方式，而是突然饲喂高精饲料时，易发生瘤胃酸中毒。现代化奶牛生产中常因饲料混合不匀，而使采入精料含量多的牛发病。

在农忙季节，给耕牛突然补饲谷物精料、豆糊、玉米粥或其他谷物，因消化机能不相适应、瘤胃内微生物群系失调、迅速发酵形成大量酸性物质而发病。

饲养管理不当，牛闯进饲料房、粮食或饲料仓库或晒谷场，短时间内采食了大量的谷物或豆类、畜禽的配合饲料，导致急性瘤胃酸中毒。耕牛常因拴系不牢而抢食了肥育期间的猪食，引起瘤胃酸中毒。

当牛采食苹果、青玉米、甘薯、马铃薯、甜菜及发酵不全的酸湿谷物过多时，也可发病。

三、临床症状

最急性病例，往往在采食谷类饲料后 3 ~ 5 小时内无明显症状而突然死亡，有的仅见精神沉郁、昏迷，而后很快死亡。

轻微瘤胃酸中毒的病例，病畜表现神情恐惧、食欲减退、反刍减少、瘤胃蠕动减弱，瘤胃胀满，呈轻度腹痛（间或后肢踢腹），粪便松软或腹泻。若病情稳定，无须任何治疗，3 ~ 4 天后能自动恢复进食。

中等瘤胃酸中毒病例，表现精神沉郁、鼻镜干燥、食欲废绝、反刍停止、空口虚嚼、流涎、磨牙、粪便稀软或呈水样、有酸臭味、体温正常或偏低。如果在炎热季节，患畜暴晒于阳光下，体温也可升高至41℃，呼吸急促，50 次 / 分钟以上；脉搏增数，达 80 ~ 100 次 / 分钟。瘤胃蠕动音减弱或消失，听 - 叩结合检查有明显的钢管叩击音。以粗饲料为日粮的牛在吞食大量谷物之后发病，触诊时瘤胃内容物坚实，呈面团感。而吞食少量而发病的病畜，瘤胃并不胀满。过食黄豆、苕籽者不常腹泻，但有明显的瘤胃酸胀。病畜皮肤干燥、弹性降低，眼窝凹陷（图 2-13），尿量减少或无尿，血液暗红、黏稠。病畜虚弱或卧地不起（图 2-14）。瘤胃 pH 值为 5 ~ 6，纤毛虫明显减少或消失，有大量的革兰氏阳性细菌；血液 pH 值降至 6.9 以下，红细胞压积容量上升至50% ~ 60%，血液 CO_2 结合力显著降低，血液乳酸和无机磷酸盐升高；尿液 pH 值降至5 左右。

重剧性瘤胃酸中毒的病例，病畜蹒跚而行，碰撞物体，眼反射减弱或消失，瞳孔对光反射迟钝；卧地，头回视腹部，对任何刺激的反应都明显下降；有的病畜兴奋不安，

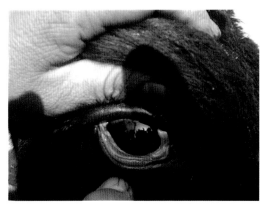

图 2-13　眼眶下陷

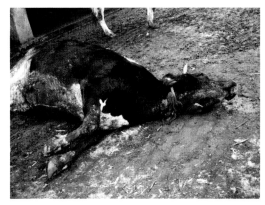

图 2-14　病畜倒地

向前狂奔或转圈运动，视觉障碍，以角抵墙，无法控制。随病情发展，后肢麻痹、瘫痪、卧地不起，最后角弓反张，昏迷而死。重症病例，实验室检查的各项变化出现更早、发展更快、变化更明显。

四、诊断

（1）症状诊断。根据脱水、瘤胃胀满、卧地不起、蹄叶炎和神经症状，结合过食豆类、谷类或含丰富碳水化合物饲料的病史，可做出初步诊断。

（2）剖检诊断。发病后于 24～48 小时内死亡的急性病例，其瘤胃和网胃中充满酸臭的内容物，黏膜呈玉米糊状、容易擦掉、露出暗色斑块、底部出血，血液浓稠、呈暗红色，内脏静脉淤血、出血和水肿，肝脏肿大、实质脆弱，心内膜和心外膜出血。病程持续 4～7 天后死亡的病例，瘤胃壁与网胃壁坏死，黏膜脱落，呈袋状溃疡，边缘红色。被侵害的瘤胃壁区增厚 3～4 倍，呈暗红色，形成隆起，表面有浆液渗出，组织脆弱，切面呈胶冻状。脑及脑膜充血；淋巴结和其他实质器官均有不同程度的淤血、出血和水肿。

（3）实验室诊断。瘤胃液 pH 值下降至 4.5～5.0，血液 pH 值降至 6.9 以下，血液乳酸升高等。但必须注意，病程一旦超过 24 小时，由于唾液的缓冲作用和血浆的稀释，瘤胃内 pH 值通常可回升至 6.5～7.0，但酸 / 碱和电解质水平仍显示代谢性酸中毒。

五、防治

预防主要是加强饲养管理，合理调制饲料，防止过食谷物等精料。精料饲喂量高的牛场，日粮中可加入 2% 碳酸氢钠、0.8% 氧化镁和碳酸钙，使瘤胃内容物保持在 pH

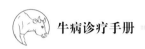

值 6.0 以上。对偷食过多谷物精料的牛，在出现酸中毒症状之前及时洗胃。

本病治疗原则是：缓解全身症状（纠正脱水和酸中毒，促进乳酸代谢，提高肝解毒能力），尽快清除瘤胃有毒内容物，恢复消化机能。

（1）缓解全身症状。

① 纠正酸中毒。可应用 5% 碳酸氢钠注射液 1 500～2 000 毫升（剂量最好根据病畜血浆二氧化碳结合力加以确定），静脉注射。

② 解除机体脱水。可用复方氯化钠注射液、生理盐水、5% 葡萄糖等，每日 8 000～10 000 毫升，分 2～3 次静脉注射。

③ 提高肝解毒能力。可应用高糖注射液和维生素 C 注射液静脉注射。促进乳酸代谢，可用维生素 B_1 或复合 B 族维生素。

（2）清除瘤胃内容物。待全身症状缓解后，为了清除瘤胃内有毒内容物，可根据病情选用如下方法。

① 洗胃。多用 1% 氯化钠溶液或 1% 碳酸氢钠溶液，或 1：5 石灰水上清液，反复洗胃，直至瘤胃内 pH 值接近 7 为止。

② 手术。重症瘤胃酸中毒，尽快施行瘤胃切开术，取出瘤胃内容物，并移植健康瘤胃液 2～4 升，加少量碎干草效果更好。

（3）促进胃肠蠕动。参照前胃弛缓。

护理：

（1）防止心力衰竭，应用强心药物，如安钠咖等。有神经症状的，应用山梨醇、甘露醇、氯丙嗪等。

（2）为防止继发感染，可应用抗生素。

（3）病畜恢复过程中，逐渐增加精料。

（4）寒冷季节注意保温，减少机体能量消耗，并注意能量的补充，可在水中加糖及静脉补糖。

第二十三节　创伤性网胃腹膜炎

一、概述

创伤性网胃腹膜炎又称金属器具病或创伤性消化不良。是由于金属异物混杂在饲料内，被误食后进入网胃，导致网胃和腹膜损伤及炎症的一种疾病。本病主要发生于牛，偶发生于羊。

二、发病原因

多因饲养管理制度不完善，放牧地点随意，牛采食或舔食了散落在畜舍附近、路边或工厂周围的垃圾与草丛中的金属异物而发病；或饲料加工粗放，管理不善，对混入饲料中的金属异物检查和处理不细致，被牛误食而导致本病的发生。常见金属异物包括铁钉、碎铁丝、缝针、别针、注射针头、发卡及钢笔尖、回形针、大头钉、指甲剪、铅笔刀和碎铁片等。

牛在采食时，不能用唇辨别混于饲料中的金属异物，而是迅速用舌卷食饲料，囫囵吞下。而造成腹内压升高的各种因素，如妊娠、分娩、爬跨、跳跃、瘤胃臌气等，常能诱发本病的发生。

三、临床症状

根据金属异物刺穿胃壁的部位、创伤深度、炎症范围以及个体反应性等不同，临床症状也有差异。

如果金属异物只损伤了网胃黏膜，且炎症范围较小，则病牛仅表现轻度的前胃弛缓症状，瘤胃蠕动减弱，轻度臌气，网胃区敏感。

急性局限性网胃腹膜炎病例，病畜食欲减退或废绝、肘部外展（图2-15）、不安、拱背站立、不愿活动，起卧时极为谨慎，不愿走下坡路、跨沟或急转弯、瘤胃蠕动减弱、轻度臌气、排粪减少，网胃区触诊病牛呈敏感反应、且发病初期表现明

图 2-15　病牛肘头外展

显，泌乳量急剧下降，体温升高，但部分病例几天后降至常温。

弥漫性网胃腹膜炎的病例，全身症状明显，体温升高至 40 ~ 41℃，脉率、呼吸数增快、食欲废绝、泌乳停止、胃肠蠕动音消失、粪便稀软而少，病畜不愿起立或走动，时常发出呻吟声，在起卧和强迫运动时更加明显。由于腹部广泛性疼痛，难以用触诊的方法检查到网胃局部的腹痛。多数病畜在 24 ~ 48 小时内进入休克状态。

脾脏或肝脏受到损伤时，形成脓肿，并扩散蔓延，往往引起脓毒败血症。

慢性局限性网胃腹膜炎的病例，被毛粗乱无光泽、消瘦、泌乳量少、间歇性厌食、瘤胃蠕动减弱、间歇性轻度臌气、便秘或腹泻，久治不愈。

四、诊断

（1）症状诊断。典型病例通过临床症状、网胃区的叩诊与强触诊检查、金属探测器检查可作出诊断，而症状不明显的病例则需要辅以实验室检查和 X 射线检查才能确诊。

（2）实验室检查。病的初期，白细胞总数升高，中性粒细胞增至 45%～70%、淋巴细胞减少至 30%～45%，核左移。

（3）X 射线检查。根据 X 射线影像，可确定金属异物损伤网胃壁的部位和性质。

（4）金属异物探测器检查。可查明网胃内金属异物存在的情况。

五、防治

在本病多发地区，给牛群中所有已达 1 岁的青年牛投服磁铁笼是目前预防本病的主要手段，在大型牛场的饲料自动输送线或青贮塔卸料机上安装大块电磁板，以除去饲草中的金属异物；加强饲养管理，不在饲养区乱丢乱放各种金属异物，不在村前屋后、铁工厂、垃圾堆附近放牧和收割饲草；定期应用金属探测器检查牛群，并应用金属异物摘除器从瘤胃和网胃中摘除异物。

（1）治疗原则。加强护理，摘除异物，抗菌消炎，恢复胃肠功能，对症治疗。

（2）保守疗法。对急性病例，将牛拴在在栏内，牛床前部填高 25 厘米，保持 10 天不准运动，同时应用抗生素与磺胺类药物，持续治疗 3～7 天以上，以确保控制炎症和防止脓肿的形成。如用青霉素 1 万 ～2 万国际单位 / 千克体重，链霉素 10～15 毫克 / 千克体重，肌内注射，每天 2 次，连用 5 天。另外，补充钙剂，控制腹膜炎和加速创伤愈合。若发生脱水时，可进行输液。

保守疗法还包括用金属异物摘除器从网胃中吸取金属异物，或投服磁铁笼，以

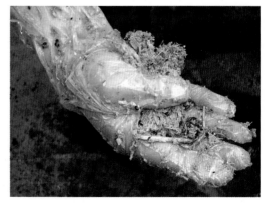

图 2-16　网胃内取出金属异物

吸附固定金属异物。

（3）手术疗法。经保守疗法治疗，如果病情没有明显改善，则根据动物的经济价值，可考虑实施瘤胃切开术，从瘤胃将网胃内的金属异物取出（图2-16）。

第二十四节　瓣胃阻塞

一、概述

瓣胃阻塞又称瓣胃秘结，主要是因前胃弛缓，瓣胃收缩力减弱，瓣胃内容物滞留，水分被吸收而干涸，致使瓣胃秘结、扩张的一种疾病。

二、发病原因

原发性瓣胃阻塞：主要因长期饲喂含有多量泥沙的糠麸、粉渣、酒糟等饲料或甘薯蔓、花生蔓、豆秸、青干草、紫云英等含坚韧粗纤维的饲料而引起。铡草过短时更容易致病；其次，放牧转为舍饲或突然变换饲料，饲料中缺乏蛋白质、维生素以及微量元素，或者饲喂后缺乏饮水以及运动不足等都可引起本病发生。

继发性瓣胃阻塞：常继发于前胃弛缓、瘤胃积食、皱胃阻塞、皱胃变位、皱胃溃疡、腹腔脏器粘连、生产瘫痪、黑斑病甘薯中毒、牛恶性卡他热和血液原虫病等疾病。

三、临床症状

病的初期，呈前胃弛缓症状。病牛精神迟钝，食欲不定或减退，便秘，粪便干硬、色暗，奶牛泌乳量下降。瓣胃蠕动音微弱或消失，对瓣胃区触诊或叩诊，病牛疼痛不安；瘤胃轻度臌胀。

随病情进一步发展，病畜精神沉郁，食欲废绝，反刍停止，鼻镜干燥、龟裂、空嚼、磨牙；呼吸浅表、急促、心悸，脉率加快至80～100次/分钟。

病至后期，精神高度沉郁，排粪停止或排出少量黑褐色恶臭黏液。尿量减少或无尿。体温升高，呼吸迫促，脉律不齐，结膜发绀，毛细血管再充盈时间延长，体质虚弱。重剧病例，经过3～5天，卧地不起，陷于昏迷状态，预后不良。

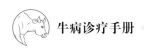

四、诊断

（1）症状诊断。本病主要症状为鼻镜干燥、龟裂，瓣胃蠕动音微弱或消失，瓣胃区敏感性增高，排粪干硬。

（2）瓣胃穿刺诊断。用长 15~18 厘米穿刺针头，于右侧第 9 肋间与肩关节水平线相交点进行穿刺，如为本病，进针时可感到阻力较大，内容物坚硬，并伴有沙沙音。

五、防治

避免长期应用混有泥沙的糠麸、糟粕饲料喂养，同时注意适当减少坚硬的粗纤维饲料；铡草喂牛，也不宜铡得过短；注意补充蛋白质与矿物质饲料；发生前胃弛缓时，应及早治疗，以防止发生本病。

（1）治疗原则。加强护理，增强前胃运动机能，促进瓣胃内容物排除，对症治疗。

（2）治疗措施。排除瓣胃内容物，使用盐类或油类泻剂。可用 10% 硫酸钠溶液 2 000~3 000 毫升、液体石蜡（或甘油）300~500 毫升。

对重症病例，在确诊后施行瘤胃切开术，用胃管插入网 - 瓣孔，冲洗瓣胃，效果较好。

增强前胃神经兴奋性，促进前胃内容物运转与排除，应用瘤胃兴奋药或拟胆碱药。10% 氯化钠溶液 100~200 毫升、安钠咖注射液 10~20 毫升，静脉注射。病情重剧的，可同时皮下注射毛果芸香碱 20~50 毫克，或氨甲酰胆碱 1~2 毫克，或新斯的明 10~20 毫克（体弱、妊娠、心肺机能不全者忌用此类药物）。

防止脱水和自体中毒，配合抗生素治疗。

第二十五节　皱胃变位

一、概述

皱胃的正常解剖学位置改变，称为皱胃变位。按其变位的方向分为左方变位和右方变位两种类型，习惯上把左方变位称为皱胃变位，而把右方变位称为皱胃扭转。皱胃通过瘤胃下方移到左侧腹腔，置于瘤胃和左腹壁之间，称为左方变位。皱胃以顺时针方向扭转到瓣胃的后上方，而置于肝脏与腹壁之间，称为皱胃右方变位。在兽医临床上，绝大多数病例是左方变位，且成年高产奶牛的发病率高，发病高峰在分娩后 6 周内。

二、发病原因

皱胃变位主要与皱胃弛缓和机械性转移两方面因素有关。

皱胃弛缓时，皱胃机能不良，导致皱胃扩张和充气，容易因受压而游走变位。造成皱胃弛缓的原因可包括一些营养代谢性疾病或感染性疾病，如酮病、低血钙症、生产瘫痪、牛妊娠毒血症、子宫炎、乳房炎、胎衣不下、消化不良，以及饲喂较多的高蛋白精料或含高水平酸性成分饲料，如玉米青贮等。此外，由于上述疾病可使病畜食欲减退，导致瘤胃体积减少，促进皱胃变位的发生。

皱胃机械性转移，妊娠子宫逐渐增大而沉重，将瘤胃从腹腔底抬高而致皱胃向左方移位。分娩时，由于胎儿被产出，瘤胃恢复下沉，致使皱胃被压到瘤胃与左腹壁之间。此外，爬跨、翻滚、跳跃等情况，也可能造成发病。

三、临床症状

左方变位：病初前胃弛缓，食欲减退，厌食精料，青贮饲料的采食量往往减少，多数病牛只对粗饲料仍保留一些食欲，产奶量下降 1/3 ~ 1/2。通常排粪量减少，呈糊状、深绿色。随病程发展，左腹膨大，左侧肋弓突起，瘤胃蠕动音减弱或消失。在左腹听诊，能听到与瘤胃蠕动时间不一致的皱胃蠕动音。在左腹部后 3 个肋骨区域内叩诊（病的初期应结合听诊），可听到高亢的鼓音或典型的钢管音（类似叩击钢管的铿锵音）。在左侧肋弓下进行冲击式触诊可听到振水音（液体振荡音）。直肠检查，可发现瘤胃背囊明显右移。有的病牛可出现继发性酮病，呼出气和乳汁带有酮味。

右方变位：病情急剧、突然发生腹痛、背腰下沉、呻吟不安、后肢蹴腹、食欲减退或废绝、泌乳量急剧下降、体温一般正常或偏低、心率加快、呼吸数正常或减少。瘤胃蠕动音消失、粪便呈黑色、糊状、混有血液。可见右腹膨大或肋弓突起，冲击式触诊可听到液体振荡音。在听诊右腹同时叩打最后两个肋骨，可听到典型的钢管音。直肠检查，在右腹部触摸到臌胀而紧张的皱胃。从臌胀部位穿刺皱胃，可抽出大量带血色液体，pH 值为 1 ~ 4。

四、诊断

（1）症状诊断。根据左腹或右侧腹部膨大，特定部位听诊与叩诊相结合所发出的钢管音，可作出初步诊断。

（2）穿刺检查。在左腹听到高亢鼓音或钢管音的区域内进行穿刺检查，穿刺液呈酸性反应（pH 值为 1 ~ 4）、棕褐色、缺乏纤毛虫，表明穿刺液取自皱胃，据此可作出

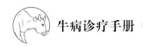

明确诊断。

（3）叩诊出现钢管音的类症鉴别。

① 在左侧倒数 1～3 肋间，听诊结合叩诊出现钢管音的疾病。

皱胃左方变位和皱胃阻塞：钢管音的音调都高而清脆、范围大，用叩诊锤直接叩诊即可听到典型的钢管音；眼球凹陷，严重脱水，病程较长，进行性消瘦；代谢性碱中毒症状。皱胃左方变位时，在右侧腹下触及不到皱胃；皱胃阻塞，在右侧腹下撞击式触诊，呈坚实感硬度。

创伤性网胃炎、误食塑料薄膜、左侧腹腔积脓：钢管音的音调低、范围小，用叩诊锤直接叩诊，很难听到。

② 在右侧倒数 1～3 肋间，听诊结合叩诊出现钢管音的疾病。

皱胃右方变位：发病急，发展快，发病 4～5 天后，全身症状明显恶化。

右侧腹腔积脓：慢性经过，腹膜炎表现，多因子宫穿孔（如冲洗子宫时操作不当）而引起。

五、防治

预防应合理配合日粮，日粮中的谷物饲料，青贮饲料和优质干草的比例应适当；对发生乳房炎或子宫炎、酮病等疾病的病畜应及时治疗；在奶牛的育种方面，应注意选育既要后躯宽大，又要腹部较紧凑的奶牛。

目前治疗皱胃左方变位的方法有滚转复位法和手术疗法两种。滚转复位法，仅限于病程短、病情轻的病例，成功率不高；手术疗法适用于病后的任何时期，疗效确实，是根治疗法。

（1）左方变位。

滚转复位法：饥饿 1～2 天并限制饮水，使瘤胃容积缩小；使牛右侧横卧 1 分钟，将四蹄缚住，然后转成仰卧 1 分钟，随后以背部为轴心，先向左滚转 45°，回到正中，再向右滚转 45°，再回到正中（左右摆幅 90°）。如此来回地向左右两侧摆动若干次，每次回到正中位置时静止 2～3 分钟；将牛转为左侧横卧，使瘤胃与腹壁接触，转成俯卧后使牛站立。也可以采取左右来回摆动为 3～5 分钟后，突然停止；在右侧横卧状态下，用叩诊和听诊结合的方法判断皱胃是否已经复位。若已经复位，停止滚转；若仍未复位，再继续滚转，直至复位为止。然后让病牛缓慢转成正常卧地姿势，静卧后 20 分钟后，再使牛站立。

治疗过程中，适时口服缓泻剂与制酵剂，应用促反刍药物和拟胆碱药物，静脉注射钙剂和口服氯化钾，以促进胃肠蠕动，加速胃肠排空，消除皱胃弛缓。若存在并发症，如酮病、乳房炎、子宫炎等，应同时进行治疗。

滚转法治疗后，让动物尽可能地采食优质干草，以促进胃肠蠕动，增加瘤胃容积，从而防止左方变位的复发。

手术疗法： 在左腹部腰椎横突下方25~35厘米，距第13肋骨6~8厘米处，作一长15~20厘米垂直切口；打开腹腔，暴露皱胃，导出皱胃内的气体和液体；牵拉皱胃寻找大网膜，将大网膜引至切口处。用10号双股缝合线，在皱胃大弯的大网膜附着部作2~3个纽扣缝合，术者掌心握缝线一端，紧贴左腹壁内侧伸向右腹底部皱胃正常位置，助手根据术者指示的相应体表位置，局部常规处理后，做一个皮肤小切口，然后用止血钳刺入到腹腔，钳夹术者掌心的缝线，将其引出腹壁外。同法引出另外的纽扣缝合线。然后术者用拳头抵住皱胃，沿左腹壁推送到瘤胃下方右侧腹底，进行整复。纠正皱胃位置后，由助手拉紧纽扣缝合线，取灭菌小纱布卷，放于皮肤小切口内，将缝线打结于纱布卷上，缝合皮肤小切口。

此外，固定整复的真胃，还可用长约2米的肠线，在皱胃大弯的大网膜附着部作一褥式缝合并打结，剪去余端，带有缝针的另一端留在切口外备用；将皱胃沿左腹壁推送到瘤胃下方右侧腹底。纠正皱胃位置后，术者掌心握着备用的带肠线的缝针，紧贴左腹壁内侧伸向右腹底部，并按助手在腹壁外指示的皱胃正常体表位置处，将缝针向外穿透腹壁，由助手将缝针拔出，慢慢拉紧缝线；将缝针从原针孔刺入皮下，距针孔处1.5~2.0厘米处穿出皮肤，引出缝线，将其与入针处线端在皮肤外打结固定。

常规闭合腹壁切口，装结系绷带。

（2）皱胃扭转。主要采用手术方法治疗。在右腹部第3腰椎横突下方10~15厘米处，作垂直切口，导出皱胃内的气体和液体；纠正皱胃位置，并使十二指肠和幽门通畅；然后将皱胃在正常位置加以缝合固定，防止复发。治疗中应根据病牛脱水程度，进行补液和强心。同时治疗低钙血症，酮病等并发症。

第二十六节　皱胃阻塞

一、概述

皱胃阻塞又称皱胃积食，是由于迷走神经调节机能紊乱或受损，导致皱胃弛缓、

内容物滞留、胃壁扩张而形成阻塞的一种疾病。本病常见于黄牛和水牛，奶牛与肉牛也有发生。

二、发病原因

原发性皱胃阻塞是由于饲养管理失宜而引起。冬春季节因缺乏青绿饲料，用谷草、稻草、麦秸、玉米或高粱秸秆喂牛，常引起发病。或因饲喂麦糠、豆秸、甘薯蔓、花生蔓等不易消化的饲料，同时饮水不足、劳役过度和精神紧张，也常常发生皱胃阻塞。犊牛因大量乳凝块滞留而发生皱胃阻塞。此外，由于异食或误食砂石、水泥、毛球、麻线、破布、木屑、刨花、塑料薄膜、胎盘而引起机械性皱胃阻塞。

继发性皱胃阻塞，常继发于前胃弛缓、创伤性网胃腹膜炎、皱胃溃疡、皱胃炎、小肠秘结等疾病。

三、诊断

（1）症状诊断。右腹部皱胃区局限性膨隆，触诊皱胃区坚硬，在左肷部结合叩诊肋骨弓进行听诊，呈现类似叩击钢管的铿锵音。

（2）实验室诊断。皱胃穿刺，测定其内容物的 pH 值为 1～4；瘤胃液 pH 值多为 7～9，纤毛虫数量减少，活力降低。

四、防治

加强饲养管理，合理配合日粮，特别要注意粗饲料和精饲料的调配，饲草不能铡得过短，精料不能粉碎过细；注意清除饲料中异物，避免损伤迷走神经；农忙季节，应保证耕牛充足的饮水和适当的休息。

（1）治疗原则。加强护理，消积化滞，缓解幽门痉挛，促进皱胃内容物排除，对症治疗。

（2）治疗措施。消积化滞，防腐止酵，改善中枢神经的调节作用，促进胃肠机能，增强心功能促进血液循环，防止脱水和自体中毒。早期可用硫酸钠 500～1 000 克，液体石蜡油 1 000～1 500 毫升，鱼石脂 30 克，95% 酒精 50 毫升，水 6 000～8 000 毫升，一次灌服。但由于皱胃阻塞的同时多导致瓣胃秘结，药物治疗效果不佳。因此，在确诊后，应及时施行瘤胃切开术，取出瘤胃内容物，然后用胃管通过网 - 瓣孔，灌注温生理盐水，冲洗皱胃，以改善胃壁的血液循环，恢复运动与分泌机能，达到疏通的目的，也可于右腹壁直接施行皱胃切开术进行治疗。

为改善中枢神经调节作用，增强胃肠及心脏活动机能，防止脱水和自体中毒，应及时强心补液、纠正自体中毒。可用10%氯化钠1 000毫升、5%葡萄糖生理盐水2 000～4 000毫升、20%安钠咖注射液10～20毫升、40%乌洛托品注射液30～40毫升、10%维生素C注射液30毫升，一次静脉注射。

发生自体中毒时，可用撒乌安注射100～200毫升或樟脑酒精注射液200～300毫升，静脉注射。

第二十七节　皱胃炎

一、概述

皱胃炎是指皱胃黏膜及黏膜下层的炎症，多见于犊牛和老龄牛。

二、发病原因

原发性皱胃炎：多因长期饲喂粗硬饲料、冰冻饲料、霉变饲料或长期饲喂糟粕、粉渣等引起；各种应激因素，如饲喂不定时定量、突然变换饲料、经常调换饲养员、或者因长途运输、过度紧张和劳累，因而影响到消化机能，导致皱胃炎的发生。

继发性皱胃炎：常继发于前胃疾病、营养代谢疾病、口腔疾病、某些化学物质中毒以及某些寄生虫病（如血矛线虫病）和传染病（如牛病毒性腹泻、牛沙门氏菌病）等。

三、临床症状

不论急性或慢性皱胃炎，都呈现消化障碍，并往往发生呕吐。

急性病例：精神沉郁，垂头站立，鼻镜干燥，皮温不整，结膜潮红、黄染，泌乳量降低甚至完全停止，体温一般无变化。食欲减退或废绝、反刍减少、短促、无力或停止，有时空嚼、磨牙；口腔黏膜被覆黏稠唾液，舌苔白腻，口腔散发甘臭，有的伴发糜烂性口炎；瘤胃轻度臌气，收缩力减弱；触诊右腹部皱胃区，病牛疼痛不安；便秘，粪呈球状，表面被覆多量黏液或黏液膜，间或腹泻。有的病例表现腹痛不安，卧地呻叫。有的表现视力减退，具有明显的神经症状。病的末期，病情急剧恶化，往往伴发肠炎，全身衰弱，脉率增快，脉搏微弱，精神极度沉郁，甚至呈现昏迷状态。

慢性病例：表现为长期消化不良、异嗜。口腔干臭，黏膜苍白或黄染，唾液黏稠，

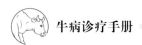

白色舌苔。瘤胃收缩无力便秘，粪便干硬，呈球状。病的后期，病畜衰弱，贫血，腹泻。

四、诊断

本病特征不明显，临床诊断困难。根据病牛消化不良，触诊皱胃区敏感，眼结膜黄染，便秘或腹泻，以及常伴发呕吐等现象，可作出初步诊断。

五、防治

预防应加强饲养管理，给予质量良好的饲料，饲料搭配合理；搞好畜舍卫生，尽量避免各种不良因素的刺激和影响。

（1）治疗原则。加强护理，清理胃肠，消炎止痛，对症治疗。

（2）治疗措施。首先，绝食1~2天，以后逐渐给予青干草和麸粥。对犊牛，在绝食期间，喂给温生理盐水，再给少量牛奶，逐渐增量。对衰弱病畜，静脉注射25%葡萄糖500~1 000毫升，每日1~2次。控制瘤胃内容物发酵、腐败。重症病例，在及时使用抗生素的同时，应注意强心、输液，促进新陈代谢。病情好转时，可服用复方龙胆酊、橙皮酊等健胃剂。为清理胃肠道有害内容物，内服油类或盐类泻剂，如植物油500~1 000毫升（或人工盐400~500克）。

慢性病例，应注意清肠消导，健胃止酵，增进治疗效果。

第二十八节　腹膜炎

一、概述

腹膜炎是腹膜壁层和脏层各种炎症的总称。按炎症的范围，分为弥漫性腹膜炎和局限性腹膜炎；按发病的原因，分为原发性腹膜炎和继发性腹膜炎；按疾病经过，分为急性腹膜炎和慢性腹膜炎；按渗出物的性质，分为浆液性、浆液纤维蛋白性、出血性、化脓性和腐败性腹膜炎。

二、发病原因

原发性腹膜炎：由血液或淋巴感染所引起，较少见。

继发性腹膜炎：主要继发于腹壁透创；剖腹术及瘤胃穿刺、瓣胃穿刺时消毒不严密，或穿刺拔针时未封闭针芯；胃肠炎、肠变位、顽固性肠便秘、创伤性网胃炎导致胃肠穿孔或破裂等；骨盆腔脏器的炎症如子宫内膜炎、膀胱破裂等也常可引起腹膜炎。特别是子宫内膜炎时，子宫内炎性产物不能顺利排出或冲洗子宫时灌注药量过多，使子宫内压力过大，炎性产物通过输卵管进入腹腔极易引起腹膜炎；在一些全身性急性传染病，如巴氏杆菌病、炭疽等病原微生物常侵入腹膜，并发腹膜炎；某些变态反应性疾病可继发腹膜炎。

三、临床症状

（1）弥漫性腹膜炎。主要有以下症状。

全身症状：多不明显，病初可出现 1～2 天的发热，以后降为正常，只表现顽固性前胃弛缓，排粪逐渐停止，伴发中等程度的瘤胃臌气。急性弥漫性腹膜炎病程可达 7～10 天，或转为慢性，病程数周至数月不等。

腹部变化：渗出液较多时，下腹部对称性增大，右侧下腹部冲击式触诊有振水音，腹腔穿刺有大量的渗出液。若渗出较少或渗出液被吸收后，腹围变化则不明显，腹腔穿刺也不易穿刺出渗出物。

直肠检查：病程长的病牛，腹腔脏器发生粘连，直肠检查时可感觉到肠管移动性差，甚至检手稍用力时有将较脆的组织分离的感觉。

（2）局限性腹膜炎。常使腹腔脏器发生粘连，只表现顽固性前胃弛缓，排粪逐渐停止，伴发中等程度的瘤胃臌气，病程数周至数月不等。若由子宫内膜炎引起的腹膜炎，常于直肠检查时可摸到子宫角及其下方的某段肠管缺乏移动性。

四、诊断要点

（1）急性弥漫性腹膜炎，当渗出液较多时，根据腹围的变化及腹腔穿刺较易确诊。

（2）腹腔脏器发生粘连的腹膜炎，直肠检查时若能摸到粘连部位可以确诊。

（3）仅表现顽固性前胃弛缓的病牛，经保守治疗无效，怀疑为腹膜炎的，可采取剖腹探查术进行确诊。

五、防治

主要在于防止腹膜继发感染，如对腹壁透创要彻底清洗，腹部手术要严格消毒，精心护理，防止创口感染等。

治疗：治疗原则是抗菌消炎，制止渗出，增强全身机能，必要时采取手术治疗。

治疗措施如下。

（1）抗菌消炎。由于腹膜炎往往为混合感染，宜用大量广谱抗菌药或多种抗菌药联合应用。用药途径宜静脉注射与腹腔注射配合给药。若腹腔内有大量液体积聚时，可进行腹腔穿刺排液及冲洗。

（2）制止炎性渗出。可用 10% 氯化钙注射液 100~150 毫升或 10% 葡萄糖酸钙注射液 200~500 毫升，一次静脉注射，每日 1 次。

（3）增强全身机能。可采取强心、补液、补碱、缓泻和对症治疗等综合措施，以改善心、肺机能，防止脱水，矫正电解质和酸碱平衡失调。

（4）手术治疗。对已经发生内脏器官粘连的病畜，及时地进行剖腹手术，剥离粘连部分是唯一有望治愈的方法。

护理： 首先置患畜于一个安静、舒适的环境中，病初禁食 1~2 天，以减轻胃肠负担，而后每天少给勤添优质的饲草和适量的精料。为防止肠管与腹膜粘连，每天适当牵遛运动或经直肠轻轻晃动肠管 1~2 次。

第二十九节 肠便秘

一、概述

肠便秘是由于肠管运动机能和分泌机能紊乱、内容物滞留不能后移、水分被吸收、致使一段或几段肠管秘结的一种疾病。各种年龄的牛都可发生，便秘常发部位是结肠。

二、发病原因

原发性肠便秘： 病因有①饲喂多量的粗硬劣质饲料，如砻糠、蚕豆糠、干红薯蔓、花生蔓等，同时又缺乏青绿饲料；②饲料中混有多量泥沙；③饮水不足，缺乏适当运动；④长期饲喂过细碎的草料；⑤采食了金属异物；⑥异嗜石头、塑料、骨头、皮毛等；⑦患有皮炎、螨虫等脱毛症；⑧过度使役以及各种导致胃肠弛缓的疾病，也可促使本病的发生；⑨过度饥饿、维生素等缺乏引起的食毛症。

继发性肠便秘： 主要见于某些肠道的传染病和寄生虫病、慢性肠结核病、肠道蛲虫病等，均可呈现肠便秘。其他原因如伴有消化不良时的异嗜癖、腹膜炎引起肠粘连，也可导致肠便秘。

三、临床症状

病初饮食欲、反刍减少并逐渐废绝，瘤胃及肠音沉衰。有的病例会出现腹痛症状，两后肢频频交替踏地，摇尾不安，两后肢后踏并不断凹腰，回顾，后肢踢腹，大汗淋漓；大部分病例不会出现腹痛症状。病初排粪减少，以后停止，频频努责，仅排出少量白胶冻状或蛋清样黏液。以拳冲击右腹侧往往出现振水音，尤以结肠阻塞时明显。直肠检查的检出率不高，如为结肠阻塞，小肠积气积水时，可于骨盆右前下方触到部分充气充水的小肠。病至后期出现脱水和心力衰竭症状。

四、诊断

（1）病畜突然出现腹痛，表现踢腹，摇尾和频频起卧、努责。半天至一天后，由于肠管麻痹和坏死，腹痛减轻或消失，病牛常卧地不愿起立。

（2）食欲消失，反刍停止，精神委顿甚至虚脱，失水引起眼球下陷，心跳逐渐加快，振摇右腹部有振水音。

（3）初期有排粪，但量少，中后期完全停止，多数排出胶冻样黏液。

（4）触诊瘤胃坚实或有轻度臌气，瘤胃蠕动多数废绝音。

五、防治

（1）泻下。可用硫酸钠（或硫酸镁）（400～800克）、液体石蜡油（500～2 000毫升加滑石粉500克效果更好）、植物油（500～1 000毫升）。

（2）促进肠蠕动。拟胆碱药物0.25%比赛可灵10～20毫升皮下注射或新斯的明20～30毫克，一次肌内注射；氨甲酰胆碱2～3毫克，一次皮下注射；毛果芸香碱30～50毫克，一次皮下注射，0.2%硝酸士的宁5毫升～10毫升，一次皮下注射。

（3）中药。槟榔（80克）、马钱子（8克）、番木鳖酊（50～80毫升）。另外用硫酸钠（或硫酸镁）（300克）、当归（40克）、大黄（100克）、陈皮（40克）、厚朴（40克）、白术（40克）、茯苓（40克）、山楂、麦芽、神曲（各60克），木香（30克），二丑（80克），槟榔（80克）。水煎去渣，加石蜡油（250毫升），瓣胃注射疗效极佳。

（4）对症疗法。当病畜呈现轻度脱水和自体中毒时，应用25%葡萄糖注射液500～1 000毫升，40%乌洛托品注射液20～50毫升，20%安钠咖注射液10～20毫升，30%安乃近30毫升，混合一次静脉注射。重症病例应先强心、补液。

（5）手术治疗。对一些严重的病历应及早进行手术治疗。

（6）预防措施。对牛要经常给予多汁的块根或青绿饲料，粗纤维饲料要合理搭配，饮水充足，适当运动，避免饲料内混入毛发、植物根须等。饲料要搭配合理，避免长期单一饲喂谷糠、酒糟等。

第三十节　肠变位

一、概述

肠变位又称机械性肠阻塞和变位疝，是由于肠管的自然位置发生改变，致使肠系膜或肠壁受到挤压绞窄，肠腔发生机械性闭塞和肠壁局部发生循环障碍的一组重剧性腹痛病。各种年龄和性别的牛都可发生，但临床上以犊牛和去势公牛较多见；一年四季均可发生，但以冬季为多见。肠扭转多发生于空肠，特别近回肠的部位；役用去势公牛因尿生殖皱褶破裂而引起小肠与输精管的绞窄，（去势残留的输精管与腹膜粘连，形成一个孔隙，一段小肠滑入孔内形成缠结）。临床以便血、拉胶冻状黏液粪便和剧烈腹痛为特征。

牛的肠变位包括20余种病，通常归纳为肠扭转、肠缠结、肠嵌闭、肠套叠和疝五种类型。

肠扭转： 肠扭转是肠管沿其纵轴或以肠系膜基部为轴发生程度不同的扭转。肠管也可沿横轴发生折转，称为折叠。如小肠扭转、小肠系膜根部扭转、盲肠扭转或折叠等。

肠缠结： 肠缠结又称肠缠络或肠绞窄，是一段肠管与另一段肠管或与肠系膜、腹腔肿瘤的根蒂、韧带（如肝镰状韧带、肾脾韧带）、结缔组织索条、精索为轴心进行缠绕在一起，引起肠腔闭塞不通。如小肠缠结。

肠嵌闭： 肠嵌闭又称肠嵌顿，是一段肠管连同其肠系膜坠入病理性破裂孔内，并卡在其中使肠腔闭塞不通，引起血液循环障碍。如役用去势公牛因尿生殖皱褶破裂而引起小肠与输精管的绞窄等。

肠套叠： 是一段肠管套入与其相邻的肠管之中或者一段肠管反转陷入肠管内形成套管状，致使相互套入的肠段发生血液循环障碍、渗出等过程，引起肠管粘连、肠腔闭塞不通。如空肠套入空肠、空肠套入回肠、回肠陷入盲肠等。

二、发病原因

关于构成肠变位的因素，尚缺乏系统研究。一般将病因大致归纳为机械性（如肠嵌闭和机能性（如肠扭转、缠结、套叠）两种，但二者常互相影响，同时存在。先天性孔穴或后天性病理裂孔的存在是发生肠嵌闭的主要因素。在腹压增大的情况下（如剧烈地跳跃、奔跑、难产、交配、便秘、里急后重和肠臌气等），偶尔将小肠陷入孔隙而致病。根据孔隙的大小不同，有时被挤入的肠可能因肠蠕动而继续深入，也可能因肠蠕动而不断退出，特别是在腹压减低的情况下这种可能性就更大。机能性肠变位是由于肠机能变化（如肠蠕动增强或弛缓）或其他因素（如突然摔倒、打滚、肠痉挛等）影响下导致肠扭转、缠结和套叠的发生。能引起肠机能变化的因素有突然受凉、冰冷饮水和饲料、肠卡他、肠炎、肠内容物性状的改变、肠道寄生虫和全身麻醉状态等。肠缠结是在肠蠕动机能异常增强的情况下发生，因为游离性大而且肠管较细的小肠易发生肠缠结。在体位改变、腹压增加时也很容易发生肠缠结。而当某段肠管蠕动增强，而与其相邻的肠管处于正常或弛缓状态时，容易将肠套叠。当肠管充盈，肠蠕动机能增强甚至呈持续性收缩，使肠管相互挤压，往往可以成为扭转的重要因素。此外，体位剧烈改变（如打滚、摔倒、跳跃等），可发生小肠、盲肠或小结肠沿其纵轴扭转；个别肠段被液体、气体、粪便充胀或泥沙沉积时，当此段肠管因受到刺激而引起蠕动增强，而相邻的肠管又处于相对的弛缓状态时，也同样可以成为肠扭转的原因。

三、临床症状

病畜食欲废绝，口腔干燥，肠音微弱或消失，排少量恶臭稀粪，并混有黏液和血液。腹痛由间歇性腹痛迅速转为持续性剧烈腹痛，病畜极度不安，急起急卧，有的急剧滚转，驱赶不起，即使用大剂量的镇痛药，腹痛症状也常无明显减轻或仅起到短暂的止痛作用；绝大部分的牛经一段时间剧烈腹痛之后转入麻痹状态，腹痛症状消失。随疾病的发展，体温升高，但很快下降；出汗，肌肉震颤；脉率增快，可达100次/分钟以上，脉搏细弱或脉不感于手；呼吸急促，结膜暗红或发绀，四肢及耳鼻发凉，微血管充盈时间显著延长（4秒以上）。腹腔穿刺液检查腹腔液呈粉红色或红色。血液学检查血沉明显减慢。

直肠检查：直肠空虚，内有较多的黏液。当前肠系膜扭转时，空肠膨胀，扭转处呈螺旋扭转，触及时病畜剧痛不安；当盲肠扭转时，盲肠臌气，可摸到螺旋状的扭转部，触及时病畜表现剧痛；当空肠缠结时，缠结处的肠管、肠系膜或韧带缠结成绳结状；当小肠发生在腹股沟嵌闭时，相应的肠管，小肠肠祥走向腹股管，牵拉时病畜剧痛不安；

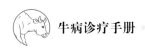

当肠套叠时，常可在发生套叠处摸到如同前臂或上臂粗的圆柱状，触压该部时病畜表现剧痛。

当直肠检查仍不能确定肠变位的性质时，可进行剖腹探查。

病程及预后：依据肠变位的性质和程度不同，病程颇不一致，多数病例可达 1 周左右。凡病情发展较快、腹痛剧烈、体温升高、脉搏细弱、脉率超过 120 次 / 分钟、黏膜发绀、呼吸急促、肌肉震颤、应用一般镇痛药物无效者，预后不良。

四、诊断要点

（1）突然出现腹痛，表现踢腹，摇尾和频频起卧。半天至一天后，由于肠管麻痹和坏死，腹痛减轻或消失，病牛常卧地不愿起立。肠绞窄时持续性腹痛起卧可达 3 天之久。

（2）食欲消失，反刍停止，精神委顿甚至虚脱，失水引起眼球下陷，体温正常或稍有上升，心跳逐渐加快。

（3）初期有排粪，但量少，中后期完全停止。肠套叠时，有时排出少量带血的蛋清样物，肠扭转和肠绞窄时多数排出胶冻样黏液。

（4）触诊瘤胃坚实或有轻度臌气，瘤胃蠕动多数废绝音。

（5）腹下穿刺，腹水较多，病程长者常呈粉红色。

（6）冲击右腹壁有的出现波动感和振水声。

（7）肠套叠直检时，可发现紧张的肠系膜及圆柱状肿胀的肠管。若未能摸到，但已发现含气膨胀的肠管，同时手上粘有特征性的松馏油样浓稠黏液物质，就可假定为肠套叠，但应与真胃溃疡进行区别诊断。

肠扭转直检时，常可摸到紧张而被牵拉的索状肠环，扭转的前段肠管积聚液体和气体而臌胀，后段肠管细软而空虚。盲肠扭转时于右侧肷部可触到一约排球大、有弹性囊状物（还有间歇性腹痛，排粪障碍，右肷部上方见有明显的横行的局部隆起，叩听诊有类似钢管音）。应特别注意对空肠回肠和盲肠的检查。

小肠与输精管绞窄直检时，通常在骨盆耻骨前缘偏右侧（少数偏左侧）或在正中前下方摸到被环状系带缠绕的绞窄肠管，同时相邻的肠管呈局限性臌胀，压之多有敏感。

五、防治

治疗原则是尽早施行手术整复，搞好术后护理。

轻度肠套叠有的在 1～2 天内能自然恢复而痊愈，或引起永久性肠管粘连而狭窄。重度套叠者经 3～5 天死亡。故对肠套叠牛须严密观察病情，当心跳逐渐加快、全身症状逐渐加重时，应及时进行手术疗法，整复肠管，或许可以痊愈。整复时，应把套入部逆行挤出而不可强行拉出，如肠管已经坏死，只能作病部肠切除并进行肠管吻合术。肠扭转早期确诊后宜立即进行手术疗法，纠正肠管位置，并将肠腔中积存的大量凝血块捏碎，使肠通畅；如已坏死，应予切除。肠绞窄也应采取手术疗法，对小肠与输精管绞窄病例，在站立或侧卧保定下，采取隔直肠拉断绷紧的索带环而解脱被绞窄的肠管。牛盲肠扩张和扭转常散发于营养充足的乳牛产犊后数周之内。病因不清，与盲肠弛缓有关。症状有厌食，轻度腹痛，乳量明显下降和排粪量减少。右肋上部叩诊和同时听诊能发现充满气体的盲肠，右肋上部可能有轻度膨胀，直检可以摸到充气的游离的盲端。体温、呼吸、脉搏一般正常。较轻病例可采用保守疗法，绝食 2～3 天和使用盐类泻剂，预后一般良好，也可行直肠内矫正。无效时行手术疗法。

>> 第三章
皮肤损伤类疾病

第一节　牛恶性卡他热

牛恶性卡他热是由恶性卡他热病毒引起的一种急性、热性传染病。病牛鼻镜及鼻黏膜先充血，后坏死、糜烂、结痂。口腔黏膜潮红肿胀，出现灰白色丘疹或糜烂。参见"第一章第二节恶性卡他热"

第二节　牛口蹄疫

一、概述

牛口蹄疫是由口蹄疫病毒引起的偶蹄类动物共患的急性、热性、接触性传染病。其临床特征是口腔黏膜、乳房和蹄部出现水泡和溃烂。

口蹄疫病毒对酸、碱特别敏感。在 pH 值为 3.0 时，瞬间丧失感染力，pH 值为 5.5 时 1 秒钟内 90% 被灭活；1%～2% 氢氧化钠或 4% 碳酸氢钠液 1 分钟内可将病毒杀死。–70～–50℃病毒可存活数年，85℃ 1 分钟即可杀死病毒。牛奶经巴氏消毒（72℃ 15 分钟）能使病毒感染力丧失。在自然条件下，病毒在牛毛上可存活 24 天，在麸皮中能存活 104 天。紫外线可杀死病毒，乙醚、丙酮、氯仿和蛋白酶对病毒无作用。

二、流行病学

该病具有流行快、传播广、发病急、危害大等流行病学特点，犊牛死亡率较高，其它则较低。病畜和潜伏期动物是最危险的传染源，病畜的水疱液、乳汁、尿液、口涎、泪液和粪便中均含有病毒，主要经消化道感染，也可经呼吸道感染。该病传播无明显的季节性，风和鸟类也是远距离传播的因素之一。

三、临床症状

牛的潜伏期 2～7 天，可见体温升高 40～41℃，流涎，很快就在唇内、齿龈、舌面、颊部黏膜、蹄趾间及蹄冠部柔软皮肤以及乳房皮肤上出现水泡（图 3-1，图 3-2，图 3-3），水泡破裂后形成红色烂斑，之后糜烂逐渐愈合，也可能发生溃疡，愈合后形成

图 3-1　病牛口腔内出现水泡和烂斑

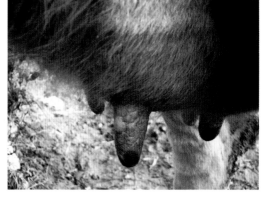

图 3-2　病牛乳头皮肤发生水泡

瘢痕。病畜大量流涎，少食或拒食；蹄部疼痛造成跛行甚至蹄壳脱落。该病在成年牛一般死亡率不高，在 1%～3%。但在犊牛，由于发生心肌炎和出血性肠炎，剖检可见心肌出现淡黄色或灰白色、带状或点状条纹，似如虎皮，故称"虎斑心"，死亡率很高。有的牛还会发生乳房炎、流产症状。

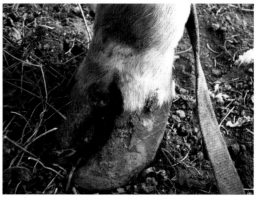

图 3-3　病牛趾间及蹄冠的柔软皮肤上发生水泡

四、诊断

根据该病传播速度快，典型症状是口腔、乳房和蹄部出现水泡和溃烂，可初步诊断。

该病与水泡性口炎的症状相似，不易区分，故应鉴别。其方法是采集典型发病的水泡皮，研细，以 pH 值为 7.6 的磷酸盐缓冲液（PBS）制成 1∶10 的悬液，离心沉淀，取上清液接种牛、猪、羊、马、乳鼠，如果仅马不发病，其他动物都发病，即是牛口蹄疫。

实验室诊断时，取牛舌部、乳房或蹄部的新鲜水泡皮 5～10 克，装入灭菌瓶内，加 50% 甘油生理盐水，低温保存，送有关单位鉴定。

五、防治

（1）认真作好早期的预防接种，免疫时应先弄清当时当地或邻近地区流行的本病毒的毒型，根据毒型选用弱毒苗或灭活苗。康复血清或高免血清可用于疫区和受威胁的家畜，特别是控制疫情，保护幼畜。

（2）如果已经发生疫情，应根据我国有关条例，立即上报有关部门，采取紧急扑灭措施，由发病所在地县级以上政府发布"封锁令"，对疫点、疫区实行封锁，严禁人畜来往；扑杀、销毁病畜及其同群畜，消灭疫源；组织消毒工作，对畜舍及污染环境随时进行消毒和扑灭疫情的大消毒；进行病毒分离鉴定，确定毒型，用相应疫苗对易感牛群进行紧急免疫接种。封锁区最后一只病牛死亡、急宰或痊愈后14天，经过全面彻底消毒，方可解除封锁。消毒时可用2%氢氧化钠、2%福尔马林或20%~30%的热草木灰水、5%~10%氨水等。

第三节　牛病毒性腹泻

牛病毒性腹泻（黏膜病）是由牛病毒性腹泻病毒引起的传染病，急性死亡病例剖检以消化道黏膜发炎、糜烂和肠壁淋巴组织坏死为特点。慢性型蹄叶发炎及趾间皮肤糜烂坏死，致使病畜跛行。参见"第二章第一节牛病毒性腹泻"。

第四节　牛炭疽病

炭疽是由炭疽芽孢杆菌引起的人畜共患的急性热性败血性传染病。临床上呈现突然高热，可视黏膜发绀和天然孔出血，间或于体表出现局灶性炎性肿胀（炭疽痈）等。参见"第二章第五节牛炭疽病"。

第五节　牛巴氏杆菌病

牛巴氏杆菌病浮肿型病牛除呈现全身症状外，在颈部、咽喉部及胸前皮下出现炎

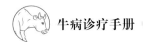

性水肿，初期热、痛且硬，后期逐渐扩散，变凉，疼痛减轻。参见"第一章第六节牛巴氏杆菌病"（图3-4）。

图 3-4　牛巴氏杆菌病

第六节　牛气肿疽

一、概述

气肿疽俗称黑腿病或鸣疽，是一种由气肿疽梭菌引起的反刍动物的一种急性败血性传染病。其特征是局部骨骼肌的出血坏死性炎、皮下和肌间结缔组织出血性炎，并在其中产生气体，压之有捻音严重者常伴有跛行。

二、流行病学

在自然条件下，气肿疽主要侵害黄牛。本病的传染源主要是病畜，传递因素是土壤。病畜体内的病菌进入土壤，以芽胞形式长期生存于土壤，动物采食被这种土壤污染的饲料和饮水，经口腔和咽喉创伤侵入组织，也可由松弛或微伤的胃肠黏膜侵入血流而感染全身。6个月龄至3岁间的牛容易感染，但幼犊或其它年龄的牛也有发病的，肥壮牛似比瘦牛更易患病。

三、临床症状

潜伏期3～5天，最短1～2天，最长7～9天，牛发病多为急性经过，潜伏期3～5天，往往突然发病，体温达41～42℃，早期出现轻度跛行，食欲和反刍停止。相继在多肌肉部位发生肿胀，初期热而痛，后来中央变冷无痛。患病部皮肤干硬呈暗红色或黑色，有时形成坏疽，触诊有捻发音，叩诊有明显鼓音。切开患部皮肤，从切口流出污红色带泡沫酸臭液体，这种肿胀发生在腿上部、臀部、腰荐部、颈部及胸部。局部淋巴结肿大，食欲反刍停止，呼吸困难，脉搏快而弱，最后体温下降或再稍回升。一般病程1~3天死亡，也有延长到10天的。若病灶发生在口腔，腮部肿胀有捻发音。发生在舌部时，舌肿大伸出口外。老牛发病症状较轻，中等发热，肿胀也轻，有时有疝痛臌气，可能康复。

四、病理变化

尸体迅速腐败和臌胀，天然孔常有带泡沫血样的液体流出，患部肌肉黑红色，肌间充满气体，呈疏松多孔的海绵状，有酸败气味。局部淋巴结充血、出血或水肿。肝、肾呈暗黑色，常因充血稍肿大，还可见到豆粒大至核桃大的坏死灶。其他器官常呈败血症的一般变化。

五、诊断

根据流行特点、典型症状及病理变化可作出初步诊断。其病理诊断要点为：丰厚肌肉的气性坏疽和水肿，有捻发音，切面呈海绵状，且有暗红色坏死灶，有含泡沫的红色液体流出，并散发酸臭味。

六、防治

本病的发生有明显的地区性，有本病发生的地区可用疫苗预防接种，是控制本病的有效措施。

病畜应立即隔离治疗，死畜禁止剥皮吃肉，应深埋或焚烧。病畜厩舍围栏、用具或被污染的环境用3%福尔马林或0.2%升汞液消毒，粪便、污染的饲料、垫草均应焚烧。

在流行的地区及其周围，每年春秋两季进行气肿疽甲醛菌苗或明矾菌苗预防接种。若已发病，则要实施隔离、消毒等卫生措施。死牛不可剥皮肉食，宜深埋或烧毁。早期的全身治疗可用抗气肿疽血清150~200毫升，重症患者8~12小时后再重复一次。实践证明，气肿疽期应用青霉素肌内注射，每次100万~200万国际单位，每日2~3次；或四环素静脉注射，每次2~3克，溶于5%葡萄糖2 000毫升，每日1~2次，会收到良好的作用。对早期肿胀部位的局部治疗可用0.25%~0.5%普鲁卡因溶液10~20毫升溶解青霉素80万~120万国际单位，在周围分点注射，可收到良好效果。

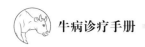

第七节　坏死杆菌病

一、概述

坏死杆菌病是坏死梭杆菌引起的多种家畜的一种慢性传染病，以病部组织呈液化性坏死和有特殊臭气为特征。

二、流行病学

本病病原为坏死梭杆菌，本菌广泛分布于自然界，在动物饲养场、被污染的沼泽、土壤中均可发现。此外，还常存在于健康动物的口腔、肠道、外生殖器等处，本病易发生于饲养密集的牛群，多发生于乳牛，犊牛较成年牛尤易感染。病牛的分泌物、排泄物污染环境成为重要的传染源，病菌主要通过损伤的皮肤、黏膜而侵入组织，也可经血流而散播。特别是局部坏死梭杆菌易随血流散布至全身其他组织或器官中，并形成继发性坏死病变，可由脐经脐静脉侵入新生犊牛的肝脏。牛舍和运动场潮湿、泥泞或夹杂碎石、煤渣，饲料质量低劣，人工哺育不注意用具消毒等，均可引起本病。本病常为散发，或呈地方流行性。

三、临床症状

潜伏期1～2周，一般1～3天。牛的坏死杆菌病在临床上常见的有腐蹄病、坏死性口炎（白喉）等。

腐蹄病：多见于成牛。当叩击蹄壳或钳压病部时，可见小孔或创洞，内有腐烂的角质和污黑臭水。这种变化也可见于蹄的其他部位，病程长者还可见蹄壳变形。重者可导致病牛卧地不起，全身症状变化，进而发生脓毒败血症而死亡。

坏死性口炎：又称"白喉"，多见于犊牛。病初厌食、发热、流涎、鼻漏、口臭和气喘。口腔黏膜红肿，增温，在齿龈、舌腭、颊或咽等处，可见粗糙、污秽的灰褐色或灰白色的伪膜。如坏死上皮脱落，可遗留界限分明的溃疡物，其面积大小不等，溃疡底部附有恶臭的坏死物。发生在咽喉者有颌下水肿、呕吐、不能吞咽及严重的呼吸困难。病变有时蔓延至肺部，引起致死性支气管炎或在肺和肝形成坏死性病灶，常导致病牛死亡，病程为5～20天。

四、诊断

依据患病部位、坏死组织的特殊变化和臭气、以及因病部而引起的机能障碍，进行综合性分析，一般即可确诊。

五、防治

加强饲养管理，精心护理牛只，经常保持牛舍、环境用具的消毒与干燥，低湿牧场要注意排水，及时清理运动场地上粪便、污水，定期给牛修蹄，发现外伤应及时进行处理。

治疗本病一般采用局部治疗和全身治疗相结合的方法。对腐蹄病的病牛，应先彻底清除患部坏死组织，用 3% 来苏儿溶液冲洗或 10% 硫酸铜洗蹄，然后在蹄底病变洞内填塞高锰酸钾粉。对软组织可用抗生素、磺胺、碘仿等药物，以绷带包扎，外层涂些松馏油以防腐防湿。

对坏死性口炎（白喉）病牛，应先除去伪膜，再用 0.1% 高锰酸钾溶液冲洗，然后涂擦碘甘油，每天 2 次至病愈。对有全身症状的病牛应注意注射抗生素，同时进行强心、补液等治疗方法。

第八节　恶性水肿

一、概述

恶性水肿是由多种梭菌引起的多种动物的一种急性、创伤性、中毒性传染病。其特征为病变组织发生气性水肿，并伴有发热和全身性毒血症。

二、流行病学

在哺乳动物中，牛、绵羊、马发病较多，年龄、性别、品种与发病无关。病畜在本病的传染方面意义不大，但可将病原体散布于外界，不容忽视。

该病传染主要由于外伤如去势、断尾、分娩、外科手术、注射等没有严格消毒致本菌芽胞污染而引起感染。本病一般只是散发形式，但外伤（如断尾）在消毒不严时，也会伙同发病。

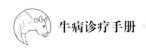
三、临床症状

潜伏期 12～72 小时。病牛初减食，体温升高，在伤口周围发生炎性水肿，迅速弥散扩大，尤其在皮下疏松结缔组织处更明显。病变部起初坚实、灼热、疼痛、后变无热、无痛、手压柔软、有捻发音。切开肿胀部，皮下和肌间结缔组织内有多量淡黄色或红褐色液体浸润并流出，有少数气泡，具有腥臭味。创面呈苍白色，肌肉暗红色。病程发展急剧，多有高热稽留，呼吸困难，脉搏细速，眼结膜充血发绀，偶有腹泻，多在 1～3 天内死亡。母牛若经分娩感染，则在 2～5 天内阴道流出不洁的红褐色恶臭液体，阴道黏膜潮红增温、会阴水肿，并迅速蔓延至腹下、股部，以致发生运动障碍和前述全身症状。公牛因去势感染时，多在 2～5 天内，阴囊、腹下发生弥漫性气性炎性水肿、疝痛、腹壁知觉过敏，与此同时也伴有前述全身症状。

四、病理变化

死于恶性水肿的病牛尸体腐败很快，故应尽早剖检。因腐败梭杆菌经伤口进入组织，繁殖并产生毒素，损害血管壁并引起毒血症，故在剖检时可发现局部组织的弥漫性水肿；皮下有污黄色液体浸润，含有腐败酸臭味的气泡；肌肉呈灰白或暗褐色，多含有气泡；脾、淋巴结肿大，偶有气泡；肝、肾浊肿，有灰黄色病灶；腹腔和心包腔积有多量液体。

五、诊断

据临诊特点、外伤情况及病理剖检一般可作出初步诊断。诊断要点如下。
① 发病前常有外伤史。
② 病变部明显水肿，水肿液内含气泡。
③ 病变部肌肉变性、坏死。
④ 若为产后发病，则子宫及其周围组织（结缔组织、肌肉等）明显水肿，内含气泡。
⑤ 若为去势后发病，则阴囊、腹下发生弥漫性炎性水肿。
⑥ 确诊尚需结合动物接种试验、细菌学诊断等。恶性水肿与炭疽及气肿疽在临床上应予以鉴别。

六、防治

外伤（包括分娩和去势等）后严格消毒及正确治疗是防治本病的重要措施。早期用青霉素或与链霉素联合应用，在病灶周围注射，甚为有效。四环素或土霉素静脉注射，尽早应用时效果亦好。亦可采用磺胺药物与抗生素并用。早期局部治疗可切开肿胀处，清创使病变部分充分通气，再用 1% 高锰酸钾或 3% 过氧化氢溶液冲洗，后撒入磺胺碘仿合剂等外科防腐消毒药，并施以开放疗法。机体全身可采用强心、补液、解毒等对症疗法。

第九节　皮肤霉菌病

一、概述

皮肤霉菌病是由多种皮肤霉菌引起的畜禽及人的毛发、羽毛、皮肤、指（趾）甲、爪和蹄等角质化组织的损害，形成癣斑，表现为脱毛、脱屑、渗出、痂块及痒感等症状，俗称"钱癣"。牛皮肤霉菌病多发生于冬、春季节，尤其在 1—4 月发病较多。牛发病多数是由疣毛癣菌、须毛癣菌及马毛癣菌等所致。

二、流行病学

自然情况下，家畜中牛最易感，幼年较成年易感。畜体营养缺乏，皮肤和被毛卫生不良，环境气温高，湿度大等均利于本病的传播。本病全年均可发生，但一般以秋末至春初的舍饲期发病较多。

本病致病菌可依附于动植物体上，停留在环境或生存于土壤之中，在一定条件下感染人畜。病、健畜接触，污染的刷拭用具、挽具、鞍具，或驻留于污染的环境之中，通过搔痒、摩擦或蚊蝇叮咬，均可使用病菌从损伤的皮肤处发生感染。

三、症状及病变

症状和病变常见于牛（特别是青年牛）头部（眼眶、口角、面部）、颈和肛门等处。以痂癣较多，病初为小结节，上有些癣屑，逐渐扩大，呈隆起的圆斑，形成灰白色石棉状痂块，痂上残留少数无光泽的断毛。癣痂小的如铜钱（钱癣），大的如核桃或更大，严重者在牛体全身融合成大片或弥散分布。在病早期和晚期都有剧痒和触痛，患畜不安、摩擦、减食、消瘦、贫血，以致死亡。也有的病例开始皮肤发生红斑，继而发生小结节和小水泡，干燥后形成小痂块。有的毛霉菌还可侵及肺脏。

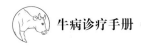

四、诊断

临床诊断根据症状诊断时应注意与疥癣、过敏性皮炎等病相区别。

微生物学诊断应做微生物学检查以确诊。可拔取脆而无光粘有渗出物的被毛，剪下癣痂或刮取皮肤鳞屑置于玻片上，加入 10% 氢氧化钠 1 滴，用盖玻片覆盖（必要时加温使标本透明），用低倍和高倍镜观察有无分枝的菌丝及各种孢子。此病感染的病牛镜检可观察到孢子在毛干外缘、毛内或毛内外（大部分在毛干内）平行排列成链状。

五、防治

预防平时应加强饲养管理，封闭式牛舍应经常通风换气，搞好栏圈及畜体皮肤卫生，及时清理厩舍内的粪便；避免长期单一饲喂青、黄贮秸秆等，以免造成营养不良；挽具、鞍套等固定使用；发现病畜应全群检查，患畜隔离治疗。

病畜治疗局部先剪毛，用肥皂水清洗干净癣痂处及其周围，然后可选用以下药物进行治疗：① 5% 臭药水直接涂癣痂及其周围，再用 5% 臭药水直接涂刷癣痂及周围，待 30 分钟后用硫黄水杨酸软膏（硫黄 400 克、水杨酸 50 克、鱼石脂 50 克、凡士林 600 克，混合，制成膏剂）涂于患处，每天 1 次，连用 3 天后每隔 3 天涂药 1 次，直至治愈。②石炭酸 15 克、碘酊 25 毫升、水合氯醛 10 毫升，混合外用，每日 1 次，共用 3 次，用后即用水洗掉，涂以氧化锌软膏。③患处涂擦水杨酸软膏（水杨酸 6 克、苯甲酸 12 克、敌百虫 5 克、凡士林 100 克，混合制成膏剂），每日 2 次，连用 3 天。用药治疗同时病厩可用 2% 热的氢氧化钠或 0.5% 过氧乙酸消毒。饲养人员应注意防护，以免受到传染。

第十节　牛螨病

一、概述

牛螨病俗称癞，也叫疥癣病，是由螨引起的一种接触传染性皮肤病。寄生在牛体的有疥螨、痒螨和皮螨之分。

二、临床症状

感染后呈现出来的症状因螨的种类及数量的不同而异。

疥螨先发生在头颈，逐渐蔓延到肩背及全身。病牛奇痒，摩擦，皮面有小结节、水疱或痂皮，脱毛（图3-5）。

痒螨多发生在长毛部或内股部，也可蔓延到四肢、躯干及全身。患部出现粟粒至黄豆大小的结节，然后会变成水疱及脓疱，破溃后流黄色渗出液并形成痂皮（图3-6）。

皮螨主要侵害肛门、尾根部，有时四肢也发生。

图3-5　脱毛

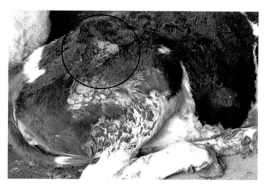

图3-6　破溃

三、防治

注意清洁卫生，保持牛舍干燥，刷具固定使用。对新引入的牛要隔离检疫，发现病牛及时治疗。治疗时先剪去患部和附近的健康皮肤被毛，涂上软肥皂，第二天用温水洗净，刮去痂皮，干后涂药治疗。涂药可用滴滴涕乳剂或2%敌百虫水溶液。敌百虫用量每次不要超过10克，并尽量防止牛舔。每隔2～3天处理一次。在治疗的同时要对牛圈、用具进行消毒。

>> 第四章
神经系统疾病

第一节　牛恶性卡他热

牛恶性卡他热是由恶性卡他热病毒引起的一种急性、热性传染病。病牛常伴有非化脓性脑膜脑炎，表现神经症状，病死率高。参见"第一章第二节恶性卡他热"。

第二节　牛传染性鼻气管炎

牛传染性鼻气管炎又称"坏死性鼻炎""红鼻病"，是 I 型牛疱疹病毒引起的一种牛呼吸道接触性传染病。脑炎型病犊牛，在出现呼吸道症状的同时，伴有神经症状，表现沉郁或兴奋，视力障碍，共济失调，甚至倒地，惊厥抽搐，角弓反张，病灶呈非化脓性脑炎变化。参见"第一章第三节传染性鼻气管炎"中的"脑炎型"。

第三节　牛病毒性腹泻

牛病毒性腹泻（黏膜病）是由牛病毒性腹泻病毒引起的传染病，孕牛感染可引起流产，或产下有先天性缺陷的犊牛（如小脑发育不全、失明等），流产胎儿的口腔、食道、皱胃及气管内可能有出血斑及溃疡。参见"第二章第一节牛病毒性腹泻"。

第四节　牛白血病

牛白血病是由牛白血病病毒引起的牛的一种慢性肿瘤性疾病，当肿瘤侵及脊髓或脊神经时，病牛后肢运动障碍或麻痹。参见"第一章第四节白血病"。

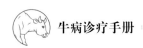

第五节　疯牛病

一、概述

牛海绵状脑病俗称疯牛病，以潜伏期长、病情逐渐加重、中枢神经系统退化、最终死亡为特征，是一种食源性、慢性、传染性、致死性的人兽共患病。

二、流行病学

疯牛病的流行无明显季节性，潜伏期长达 2~8 年，多发于 3~5 岁的奶牛。易感动物有牛、羊、猪、羚羊、狒猴、鹿、猫、狗、水貂、小鼠和鸡等。本病的传染源主要是病牛。病牛的脑及脊髓含有大量的致病因子，为主要传播因子，病牛的其他组织器官如肝、淋巴结等为次要传播因子。但病牛脑及脊髓中的病原很难在自然状态下传染健康牛，只有当一定数量病牛的脑或脊髓被人们当作饲料来喂养健康牛时，才能感染疯牛病。

本病的传播方式主要有 3 种，即垂直传播、水平传播和医源性传播，致病因子通过血液和组织液进入到神经组织，最后进入到大脑造成多种病变。

三、临床症状

该病的临床症状多种多样，常表现出神经紧张或焦躁不安、恐惧、惊跳反射增强，具有攻击性，对声音及触摸等的感觉过敏或反射亢进，肌肉纤维性震颤或痉挛，有些患牛头部、肩部肌肉颤抖和抽搐，后肢明显伸展，共济失调等神经功能紊乱性症状，其神经系统呈现亚急性或慢性退行性变化。患牛还呈现出反刍减少、心动过缓、心率改变，70%~73% 的患牛体况下降、体重减轻、产奶量减少，约 79% 的患牛在病程发展的某一阶段，常出现上述全身症状或某种神经症状。

四、病理变化

疯牛病无肉眼可见的病理变化，也无生物学和血液学异常变化。典型的组织病理学和分子学变化都集中在中枢神经系统。

五、诊断

机体感染疯牛病后既无任何炎症，也不产生免疫应答，所以该病至今尚无血清学诊断方法，病牛的血液生化指标也无显著异常。因此本病的诊断主要依据流行病学、临床症状进行初步诊断，确诊需要借助实验室诊断方法。

六、防治

本病目前以预防为主，针对本病传播的不同环节应采取不同的预防措施，主要包括屠杀患病动物和可疑患病动物，并对动物尸体进行妥善处理；对动物性饲料应严格处理，以防经口传播；血液和血液制品应实行严格的统一管理，限制或禁止在疫区居住过一定时间的人献血；预防医源性感染，对危险组织及其邻近组织进行医疗处理后，所用的医疗器械必须进行特殊处理；从个人防护的角度来说，绝不食用或饮用来源不明的牛肉及牛源性制品。

第六节　传染性脑膜脑炎

牛传染性脑膜脑炎，又称牛传染性血栓栓塞性脑膜脑炎，是牛的一种以脑膜脑炎、肺炎、关节炎等为主要特征的疾病。病原为昏睡嗜血杆菌。许多脑病都伴有脑膜损害。炎症开始是充血，以兴奋性增高为特征，以后由于病原微生物及其毒素严重侵害脑实质，从而转入抑制，若侵害转移或呈波动性，也可时而兴奋时而抑制。参见"第一章第八节牛传染性脑膜脑炎"。

第七节　破伤风

一、概述

牛破伤风又名强直症，俗名锁口风，是由破伤风梭菌产生的毒素侵害神经系统引起的创伤性传染病，患牛以运动神经中枢对外界刺激的反应性增强、全身或局部肌肉强直性痉挛为特征。

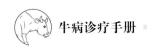

二、流行病学

破伤风梭菌分布很广，施过肥的土壤、尘土和健康牛的粪便里都常有存在。形成芽胞后抵抗力很强，能生存数年。本病几乎各地都有散发，各种家畜都有易感性，牛的易感性较大。本病主要经创口感染，狭小而深的创伤（钉伤、刺伤）同时被泥土、粪便或坏死组织封闭而造成厌氧环境时最易引起本病的发生。去势、外科手术、免疫注射消毒不严以及母牛分娩时的产道损伤、产后感染、犊牛断脐、使役不当形成的创伤未及时处理时常可导致发病。有些病例往往不能确定感染途径，这是因为在芽胞侵入后及出现症状前，创伤已愈合，必须经过一定时间，侵入组织内的芽胞在厌氧条件下生长繁殖，产生毒素，才能发生本病。

三、临床症状

潜伏期为1～2个星期。病初患牛头部肌肉强直痉挛，采食、咀嚼和吞咽缓慢，动作不自然。随病程发展，全身强直症显著，可见口闭锁、流涎呈线状、瞬膜突出、颈背硬直、静脉沟显露、耳竖立不动、腹部缩起、尾劲直、稍倾于一侧、脊柱常成直线、间有角弓反张、四肢硬直、关节不易屈曲、蹄不易提起、不愿行动、转弯且后退极度困难，一旦倒地后很难自行起立。

病初反射作用增加，凡声、光、抚触或其他动作都可使症状加剧。呼吸浅而快，较平常增加数倍，黏膜呈蓝色。病初体温和脉搏无大变化，严重的病例后期体温可超过40℃，脉搏细而快。肠蠕动缓慢，引起便秘，或只排出少量粪便。间有发生臌气。症状较轻的能稍进饮食，无并发症且病程轻、症状发展较慢者，经及时治疗常可恢复。

四、诊断

根据病牛发生创伤的病史和典型的临床症状，即可作出诊断。如果有条件进行实验室检查，可进一步帮助确诊。

五、防治

破伤风类毒素是预防本病的有效生物制剂，在发病较多地区每年定期给牛群进行免疫注射破伤风类毒素。成牛每头皮下注射1毫升，犊牛减半，经6个月后再注射1次。注射后1个月产生免疫力，持续时间为1年；第2年再注射1次，免疫力可持续4年。

牛一旦发生外伤应及时进行外科处理。发生大创伤、深创伤时，可注射抗破伤风血清。为患牛做外科手术时要注意无菌操作，手术前尽可能注射预防量抗破伤风血清，或提前 1 个月注射破伤风类毒素，可预防本病的发生。

一旦发病，应将病牛置于光线较暗、通风良好、干燥洁净、遍铺垫草的厩舍里，注意保温。重症病牛可吊起，保持安静，避免声响，给予充足饮水、柔软的干草和青草，并给予适量食盐。牙关紧闭不能采食的患牛用胃管给予半流性食物。恢复期患牛要防止过食，增加运动，适当休息，以期早日康复。

在做全身性治疗的同时，必须对感染创伤进行有效的防腐消毒处理，彻底排除脓汁、异物、坏死组织及痂皮等，并用 3% 过氧化氢溶液、或 2% 高锰酸钾溶液、或 5%~10% 碘酊等消毒创面。破伤风的有效治疗是发病早期应用抗破伤风血清（破伤风抗毒素），同时对症治疗，当病牛出现酸中毒症状时，可用 5% 碳酸氢钠溶液 500 毫升静脉注射；当病牛牙关紧闭开口困难时，可用普鲁卡因注射液 10 毫升和 0.1% 肾上腺素注射液 0.6~1.0 毫升混合注入咬肌；病牛不能采食时，每天补液补糖 2 次；心脏衰弱时，皮下注射 20% 樟脑油 25~30 毫升；病牛体温升高、有肺炎出现时，可用抗生素药物；还可用健胃剂，缓解胃肠机能紊乱；如病牛粪便蓄积，用温水灌肠。

第八节　牛结核病

牛结核病是由牛型结核分枝杆菌引起的一种人兽共患的慢性传染病，中枢神经系统受侵害时，脑和脑膜可发生粟粒状或干酪样结核，常引起神经症状，如运动障碍、应激反应增强，甚至发生癫痫等。参见"第一章第五节牛结核病"。

第九节　肉毒梭菌中毒

一、概述

牛肉毒梭菌中毒是由于肉毒梭菌毒素引起的牛的急性、致死性、中毒性疾病，以运动神经麻痹为主要特征。

病原一种是肉毒梭菌，另一种为副肉毒梭菌。肉毒梭菌的芽胞广泛分布于自然界，在动物尸体、肉类、饲料、罐头等食品内繁殖时产生毒素。这种毒素的毒力极强，能耐高温，也能耐受胃酸、胃蛋白酶和胰蛋白酶的作用，因此在消化道内不被破坏。

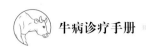

液体中的毒素在100℃、15～20分钟被破坏，在固体食物中需2小时。肉毒毒素为一种蛋白质神经毒素，通常以毒素分子和一种红细胞凝集素载体所构成的复合物形式存在，根据毒素中和试验可分为A、B、Cα、Cβ、D、E、F、G等8型，引起牛中毒素以Cα、D两型为主。

二、流行病学

肉毒梭菌的芽胞广泛分布于自然界，土壤为其自然居留地，在腐败尸体和腐败肉料中含有大量的肉毒梭菌毒素，故该病无明显的地区性。各种畜、禽都有易感性，主要由于食入霉烂饲料、腐败尸体和已被毒素污染的饲料、饮水而发病。牛多见于采食被肉毒梭菌毒素污染的青贮和酒糟，引起大群发病。

三、临床症状

牛多在食入毒素后3～7天内发病，严重者数小时即可死亡，轻者可逐渐康复。主要症状是运动麻痹，从头部开始，迅速向后发展，波及四肢。主要表现为肌肉软弱、麻痹，不能咀嚼和吞咽，舌垂于口外，流涎，下颌下垂，上眼睑下垂，眼半闭，似睡眠状，瞳孔散大，对刺激无反应。肠道驰缓，瘤胃收缩，便秘，有腹痛现象，排尿较少，可视黏膜充血和黄染。心脏衰竭。涉及四肢时，则共济失调，甚至卧地不起，但体温、意识和反射正常。病情严重程度与摄入毒素量呈正比，一般躺卧或不能站立的患畜预后不良。严重患畜最后多因呼吸麻痹在1～3天内死亡。尸体剖检一般无特异性病变。

四、诊断

（1）现场诊断。经过流行病学、发病原因和发病经过调查，并结合临床症状，可初步诊断。但确诊必须检查病料和尸体内有无毒素存在。

（2）实验室诊断。诊断需采取病畜血清、瘤胃内容物、粪便、可疑的饲草和饮水，检查有无毒素。

五、防治

注意环境卫生。在牛场牛舍中如发现动物尸体、残骸，应及时清除，特别注意不能用腐败的饲料、饲草喂牛。平时在饲料中添加适量的食盐和淀粉，以预防牛发生异嗜癖，乱舔食尸体、残骸、污水等。发生此病，应及时查明来源，予以清除。在经常发生本病的地区，可用同类型毒素预防接种，实践中常用肉毒梭菌 C 型明矾苗，每头皮下注射 10 毫升进行预防接种。

发病早期可使用肉毒梭菌多价抗毒素。在毒素型确定后，用同型抗毒素。同时用大剂量盐类泻剂和洗胃、灌肠，以促进消化道内毒素的排出。强心补液，使用盐酸胍，以每千克体重 1 毫克的剂量，可解除毒素引起的麻痹症状，如配合使用维生素 E 单醋酸酯效果会更好。

若出现体温升高时，可用抗生素和磺胺类药物，以防止继发感染。怀疑伤口肉毒中毒或中毒感染的肉毒中毒病例，可采用青霉素局部治疗、伤口引流，使伤口暴露在空气中。脱水及不能采食和饮水的病畜应通过胃管给水、苜蓿颗粒粥或健康牛瘤胃的胃液。病畜虽然外表康复，但仍需注射类毒素疫苗，因为致病的毒素剂量很少，不能引起抗肉毒杆菌的体液抗体持续生成。

第十节　衣原体病

牛衣原体病是由鹦鹉热衣原体感染牛引起的一种地方流行性的接触性传染病，患脑脊髓炎的病牛发烧，虚弱，共济失调。参见"第一章第九节牛衣原体病"。

第十一节　热应激

一、概述

应激是指机体对外界环境或内部的各种非常刺激所产生的非特异性应答反应的总和，或者说应激是机体对向它提出任何要求所做的非特异性应答。热应激是指机体处于极端高环境温度中的机体对热环境提出任何要求所做的非特异性生理反应的总和。

二、症状

热应激的主要表现是呼吸速度加快，有明显的腹式呼吸现象（图 4-1）、采食量明显下降、奶产量明显下降 10%～20%，繁殖率降低，流产，严重时引起牛只死亡。

三、治疗

（1）创造凉爽的牛舍环境。盛夏来临之前，一般在 5 月底之前做好以下几点。

① 打开牛舍所有通风孔和门窗，促进舍内空气流动，降低舍内温度。

② 牛舍屋顶刷白（石灰水），增加日光反射。

图 4-1　呼吸加快，有明显的腹式呼吸现象

③ 牛舍连接处搭设凉棚，减少日光直射。

（2）疏散牛群，减少牛舍奶牛的饲养密度，在一般饲养 100 头奶牛的牛舍可减少 10%。

（3）采取有效的降温措施。

① 牛舍配备喷雾风扇接力送风，保证每头牛吹到风。

② 轻度应激时以电风扇排风为主。

③ 中度应激时喷淋加风扇（图 4-2）。

④ 严重应激时可淋浴。一般在牛吃料前半小时冲牛身，一日 2～3 次，对热应激反应严重的奶牛可多冲几次。

⑤ 屋顶喷淋，降低室内温度，保持室内干燥。

（4）夏季实行夜间放牧（有条件的搭建遮阳棚）。

（5）供应充足的清洁饮水（舍内舍外）。

图 4-2　对热应激奶牛进行冷水擦洗，并加风扇吹风降温

（6）消灭蚊蝇。盛夏季节蚊蝇叮咬牛体影响奶牛休息，造成奶产量下降和传播疫病，应定期喷洒杀虫稀释液驱杀蚊蝇。

（7）搞好牛舍周围环境卫生，舍外种植绿化，高大又通风的树木遮阳，为奶牛创造一个舒适的生活环境。

注意：任何形式的防暑降温措施最终要设法保持牛舍干燥，以防发生乳房炎、肢蹄病和关节炎等疾病的发生。

四、夏季奶牛的日粮及饲喂技术

夏季高热奶牛受到热应激影响，采食量明显下降，营养不能满足。这对夏季奶牛日粮及饲喂技术是一种极大的挑战，为了奶牛健康、奶产量相对稳定、确保奶牛安全度过盛夏，夏季日粮必须调整，饲喂方式必须改变。

1. 夏季奶牛日粮调整

（1）提高日粮营养浓度。

① 在合理的精料比例条件下适当增加高蛋白、高能量的饲料如全棉籽、膨化大豆、豆粕等，保持瘤胃正常 pH 值，防止酸中毒。

② 供应易消化的、优质粗饲料如甜菜粕、干草等。

③ 增加日粮中矿物质、维生素。夏季奶牛受高热影响，机体损耗多，日粮、矿物质、维生素要及时补充。钾从 1% 增加到 1.5%，钠从 0.2% 增加到 0.45%，镁从 0.2% 增加到 0.35%，维生素也要增加。

（2）添加抗热应激的添加剂。

2. 夏季奶牛的饲喂技术

① 适时调整日粮的精粗比例，精料比常规增加 5%。

② 增加早夜潮饲喂量。

③ 饲喂顺序灵活机动，粗料与精料多次搭配，以保证牛只多采食优质易消化的饲料为原则。

④ 提高夏季日粮的水分，保证适口性。

第十二节　中暑

一、概述

日射病和热射病是由于急性热应激引起的体温调节机能障碍的一种急性中枢神经系统疾病。日射病是牛在炎热的季节中，头部持续受到强烈的日光照射而引起脑及脑膜充血和脑实质的急性病变，导致中枢神经系统机能障碍性疾病。热射病是牛所处的外界环境气温高，湿度大，产热多，散热少，体内积热而引起的严重中枢神经系统机

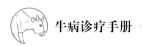

能紊乱的疾病。临床上日射病和热射病统称为中暑。

二、发病原因

在高温天气和强烈阳光下使役、驱赶、奔跑、运输等常常可发病。集约化养殖场饲养密度过大、潮湿闷热、通风不良、牛体质衰弱或过肥、出汗过多、饮水不足、缺乏食盐等是引起本病的常见原因。

三、临床症状

在临床实践中，日射病和热射病常同时存在，因而很难精确区分。

日射病：突然发生，病初精神沉郁，四肢无力，步态不稳，共济失调，突然倒地，四肢作游泳样运动。病情发展急剧，呼吸中枢、血管运动中枢、体温调节中枢机能紊乱、甚至麻痹。心力衰竭，静脉怒张，脉微弱，呼吸急促而节律失调，结膜发绀，瞳孔初散大，后缩小。皮肤、角膜、肛门反射减退或消失，腱反射亢进，常发生剧烈的痉挛或抽搐而迅速死亡。

热射病：突然发病，体温急剧上升，高达41℃以上，皮温增高，出现大汗或剧烈喘息。病畜站立不动或倒地张口喘气，两鼻孔流出粉红色、带小泡沫的鼻液。心悸亢进，脉搏疾速，达100次/分钟以上。眼结膜充血。后期病畜呈昏迷状态，意识丧失，四肢划动，呼吸浅而疾速，节律不齐，脉不感手，第一心音微弱，第二心音消失，血压下降。

四、诊断

根据发病季节、病史资料、体温急剧升高、心肺机能障碍和倒地昏迷等临床特征，可以确诊。

五、防治

预防措施。炎热夏季使役不能过重，时间不能过长，防止日光直射头部。长途运输不能拥挤，注意通风。

日射病和热射病，病情发展急剧，常常因来不及治疗而发生死亡。早期采取急救措施可望痊愈，若伴发肺水肿，多预后不良。

（1）治疗原则。加强护理、降温、减轻心肺负荷、镇静安神、纠正水盐代谢和酸碱平衡紊乱。

（2）治疗措施。

① 消除病因和加强护理。应立即停止一切应激，将病畜移至阴凉通风处，若病畜卧地不起，可就地搭起遮阳棚，保持安静。

② 降温疗法。不断用冷水浇洒全身，或用冷水灌肠，口服 1% 冷盐水，或于头部放置冰袋，亦可用酒精擦拭体表。

③ 泻血。体质较好者可泻血适量（1 000～2 000 毫升），同时静脉注射等量生理盐水，以促进机体散热。

④ 缓解心肺机能障碍。对心功能不全者，可注射安钠咖等强心剂。为防止肺水肿，静脉注射地塞米松。

⑤ 镇静。当病畜烦躁不安和出现痉挛时，可口服或直肠灌注水合氯醛黏浆剂或肌内注射氯丙嗪或少量静松灵。

⑥ 缓解酸中毒。当确诊病畜已出现酸中毒，可静脉注射 5% 碳酸氢钠注射液300～600 毫升。

⑦ 其他。可用西瓜 5 000 克、白糖 250 克，混合灌服或新鲜人尿 1 000 毫升，鸡蛋5 个调服。

第十三节　脑膜脑炎

一、概述

脑膜脑炎是软脑膜及脑实质发生炎症，伴有严重脑机能障碍的中枢神经系统疾病，临床上呈现一般脑症状和灶性脑症状为特征。

二、发病原因

根据病灶的性质分为化脓性脑膜脑炎和非化脓性脑膜脑炎。

化脓性脑膜脑炎是由头部创伤、邻近部位化脓灶的波及、败血症及脓毒血症经血行性转移所致。

非化脓性脑膜脑炎，一般起因于感染或中毒，其中病毒感染是主要的，如疱疹病毒、牛恶性卡他热病毒等。其次是细菌感染，如葡萄球菌、链球菌、肺炎球菌、溶血性及多杀性巴氏杆菌、化脓杆菌、坏死杆菌、变形杆菌、化脓性棒状杆菌、昏睡嗜血杆菌、

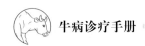

单核细胞增多性李氏杆菌等。中毒因素，主要见于食盐中毒、霉玉米中毒、铅中毒及各种原因引起的严重自体中毒。也见于一些寄生虫病，如脑脊髓丝虫病、脑包虫病、普通圆线虫病等。

凡能降低机体抵抗力的不良因素，如受寒感冒、过劳、长途运输均可促使本病的发生。

三、症状

因炎症的部位和程度不同而异。

（1）一般脑症状。病畜先兴奋后抑制或交替出现。病初，呈现高度兴奋，体温升高，感觉过敏，反射机能亢进，瞳孔缩小，视觉紊乱，易于惊恐，呼吸急促，脉搏增数。行为异常，不易控制，狂躁不安，攀登饲槽，或冲撞墙壁或挣断缰绳，不顾障碍向前冲，或转圈运动。口流泡沫，头部摇动，攻击人畜。有时举扬头颈，抵角甩尾，跳跃，狂奔，其后站立不稳，倒地，眼球向上翻转呈惊厥状。后期，病畜转入抑制则呈嗜睡、昏睡状态，瞳孔散大，视觉障碍，反射机能减退及消失，呼吸缓慢而深长。后期，常卧地不起，意识丧失，昏睡，有的四肢作游泳动作。

（2）灶性脑症状。主要是痉挛和麻痹。如眼肌痉挛，眼球震颤，斜视，咬肌痉挛，咬牙。吞咽障碍，听觉减退，视觉丧失，味觉、嗅觉错乱。颈部肌肉痉挛或麻痹，角弓反张，倒地时四肢作有节奏运动。某一组肌肉或某一器官麻痹，或半侧躯体麻痹时呈现单瘫与偏瘫等。

（3）血液学变化。初期血沉正常或稍快，中性粒白细胞增多，核左移，嗜酸性白细胞消失，淋巴细胞减少。康复时嗜酸性白细胞与淋巴细胞恢复正常，血沉缓慢或趋于正常。脊髓穿刺时，可流出混浊的脑脊液，其中蛋白质和细胞含量增高。

四、诊断

根据神经症状，结合病史调查和分析，一般可作出诊断。若确诊困难时，可进行脑脊液检查。脑膜脑炎病例，其脑脊液中嗜中性粒细胞数和蛋白含量增加。必要时可进行脑组织切片检查。

五、防治

预防措施。加强饲养管理，合理使役；畜舍保持清洁卫生；防止过热，防止中毒。本病的病情发展急剧，病程长短不一，一般 3～4 天，也有在 24 小时内死亡的。

本病的死亡率较高，预后不良。

（1）治疗原则。抗菌消炎，阻止炎症扩散；安神、解除兴奋；促进渗出吸收，降低颅内压。

（2）治疗措施。

① 减少应激。将病畜放置在安静、通风的地方，避免光、声刺激。若病畜体温升高、头部灼热，可采用冷敷头部的方法降温。

② 抗菌消炎。可用广谱抗生素（如庆大霉素、氨苄青霉素、丁胺卡那霉素）或用抗生素、新促反刍液、水乌钙三步疗法（见创伤性网胃腹膜炎），也可用 10% 磺胺嘧啶钠 200～300 毫升、40% 乌洛托品 50 毫升、10% 葡萄糖 500 毫升，一次静脉注射。

③ 降低颅内压。可选用 25% 山梨醇液、20% 甘露醇等静脉注射。

④ 对症治疗。当病牛狂躁不安时，可用镇静药，如氯丙嗪 1～2 毫克 / 千克体重，一次肌内注射；水合氯醛 0.08～0.12 毫克 / 千克体重，配成 10% 无菌液一次静脉注射；安定 5～10 毫克，一次肌内注射，以调整中枢神经机能紊乱，增强大脑皮层保护性抑制作用。心功能不全时，可应用安钠咖和樟脑制剂等强心剂。

>> 第五章
生殖系统疾病

第一节　牛流行热

　　牛流行热是由牛流行热病毒引起的一种急性热性传染病。患病妊娠母牛可发生流产、早产或死胎，泌乳量下降或停止。参见"第一章第一节流行热"。

第二节　牛传染性鼻气管炎

　　牛传染性鼻气管炎是Ⅰ型牛疱疹病毒引起的一种牛呼吸道接触性传染病。临床表现形式多样，以呼吸道症状为主，伴有结膜炎、流产、乳腺炎，有时诱发小牛脑炎等。参见"第一章第三节传染性鼻气管炎"中的"流产不孕型"。

第三节　牛病毒性腹泻

　　牛病毒性腹泻（黏膜病）是由牛病毒性腹泻病毒引起的传染病，孕牛感染可引起流产，或产下有先天性缺陷的犊牛（如小脑发育不全、失明等），流产胎儿的口腔、食道、皱胃及气管内可能有出血斑及溃疡。参见"第二章第一节牛病毒性腹泻"。

第四节　传染性脑膜脑炎

　　牛传染性鼻气管炎是Ⅰ型牛疱疹病毒引起的一种牛呼吸道接触性传染病。因侵害不同组织，临床表现6种类型。生殖器型主要见于性成熟的牛，多由交配而传染。母牛患本病型又称传染性脓疱性外阴阴道炎。参见"第一章第八节牛传染性脑膜脑炎"。

第五节　牛布氏杆菌病

一、概述

布氏杆菌病又称为传染性流产，是由布氏杆菌引起的人畜共患的一种接触性传染病，其特征是引起流产和不孕。本病原菌具有较强的侵袭力和扩散力，通过皮肤和黏膜侵入牛机体后，可分布到各个组织中。

二、流行病学

牛的易感性随着性器官的成熟而增强，犊牛有一定抵抗力。病牛和带菌牛是本病的主要传染源。病母牛流产胎儿、胎衣、羊水及病牛乳汁、阴道分泌物、粪便以及病公牛精液中含有大量病原菌，污染环境，成为疫源地。

传播途径主要是消化道，其次是生殖系统、呼吸道、皮肤和黏膜等。当牛采食了被病牛污染的饲料、饮水、乳汁，接触了污染的环境、土壤、用具、粪便、分泌物，以及屠宰过程中对废弃物、血水、皮肉等处理不当等，均可造成感染。

由公牛与病母牛或病公牛与母牛配种，或在人工助产、输精过程中消毒不严，以及人工输精使生殖道损伤而造成的感染发病尤为常见。

发病无季节性。但当牛群拥挤在狭窄的牛舍中，阳光照射不足，通风不畅，寒冷潮湿，卫生条件差，营养不良时，牛机体抵抗力降低，可以构成本病的诱因。

三、临床症状

病牛为本病的主要传染源，母牛除流产外，其他症状常不明显。流产多发生在妊娠后第五至第八个月，产出死胎或弱仔（图5-1）。流产后可能出现胎衣不下（图5-2），阴道内陆续排出褐色恶臭液体。母牛流产后很少再发生流产，公牛常发生睾丸炎或附睾炎。病牛发生关节炎时，多发生在膝关节及腕关节，滑液囊炎也较常见。

图5-1　母畜流产、死胎

四、病理变化

除流产外，可见胎盘绒毛叶上有多数出血点和淡灰色不洁渗出物，并覆有坏死组织、胎膜粗糙、水肿、严重充血或有出血点，并覆盖有灰色脓性物。子宫内膜呈卡他性炎或化脓性内膜炎。流产胎儿的肝、脾和淋巴结呈现不同程度的肿胀，甚至有时可见散布着小坏死灶。母牛常有输卵管炎、卵巢炎或乳房炎。公牛睾丸和附睾坏死呈灰黄色。

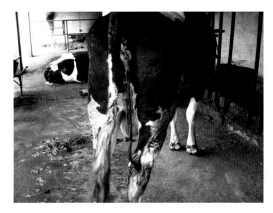

图 5-2　母畜胎衣不下

五、诊断

流产有诸多方面原因，包括传染性和非传染性流产，如机械性流产、滴虫性流产、弯曲杆菌性流产、化脓棒状杆菌性流产等。在临床及剖检上有时难以区别。因此，要借助于实验室进行病原学检查，可采集流产胎儿胃液或流产后 2～3 天的阴道分泌物做涂片，染色镜检，观察菌体状况。同时，还可以取血、流产胎儿标本进行细菌分离培养，根据菌体形态、菌落特征、生化特征，确定病原菌。

六、防治

预防： 免疫预防方面，应用 19 号活菌苗，对牛有坚强的免疫力，犊牛生后 6 个月接种 1 次，18 个月再接种 1 次，免疫效果可达数年。另一种菌苗为 45/20 菌苗，是灭活苗，在西欧、北美广泛使用，该菌苗可用于各种年龄的牛，缺点是免疫剂量大，菌株遗传稳定性差，免疫效力不够理想。

防治措施在于要定期检疫及隔离和淘汰病牛，坚持常年防疫和消毒制度，坚持自繁自养，培育健康牛群。对引入的种牛要隔离饲养 2 个月，并用血清凝集试验检疫 2 次，健康者可混群饲养。病原对外界环境的抵抗力也较强，在肉、乳类食品中可存活 2 个月，在土壤中存活 20～120 天，在流水中可存活 21 天，在牛粪中可存活 120 天。对热敏感，在湿热 60℃条件下，15～30 分钟即可被杀死。常用的消毒药，如 1%、3% 石炭酸液、0.1% 汞液、50% 石灰水，以及紫外线照射等都能很快致死。

治疗： 对一般病牛应淘汰，治疗无意义。对价值较昂贵的种牛，可在隔离条件下进行治疗。对流产伴有子宫内膜炎的母牛可用 0.1% 高锰酸钾溶液冲洗阴道和子宫，每

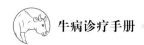

天1次，然后放入抗生素。此外，可同时应用抗生素（如四环素、土霉素、链霉素等）治疗。对患病母牛，也可用中草药治疗，推荐方剂为益母散（益母草30克，黄芩18克，川芎15克，当归15克，熟地15克，白术15克，双花15克，连翘15克，白芍15克，共研为细末，开水冲调，候温灌服）。

第六节　沙门氏菌病

牛沙门氏菌病又叫牛副伤寒，是由沙门氏细菌所引起的一种传染病，怀孕母牛患病多数发生流产，从流产胎儿中可发现病原菌。参见"第二章第七节牛沙门氏菌病"。

第七节　牛生殖道弯曲杆菌病

一、概述

牛生殖道弯曲杆菌病是由胎儿弯曲杆菌感染而引起的牛的繁殖障碍性传染病。公牛和母牛的生殖器官受到感染后，以不育、胚胎早死及流产为特征。

二、流行病学

该病主要的传染源是病母牛和带菌的公牛，以及患病后康复的母牛。病菌会在母牛生殖道、胎盘、流产胎儿组织等部位中存活。病原菌主要通过自然交配传播，感染后约1周，就会在阴道、子宫颈黏液分离出病菌，患病3周后，病菌数量达到最大。

母牛在妊娠期带菌生产之后，会在下次交配的时候感染公牛，所以母牛带菌是主要的传染源。公牛的阴茎上皮隐窝、包皮穹窿等部位是经常发生感染的部位，肉眼比较难观察到症状和变化，精液没有异常，感染后数月都能够携带病菌，也有携带长达6年以上的。带菌的时间和年龄有关，超过5岁的公牛携带的时间更长一些。

三、临床症状

公牛感染后，临床症状并不明显，有包皮黏膜潮红表现，精液和包皮均会携带病菌。母牛和公牛交配，病菌会在此过程进入到子宫和输卵管，引起炎症。早期阴道有卡他性炎症，子宫颈有黏液分泌，持续时间可以达到 3 个月左右，黏液较清澈，还会并发子宫内膜炎。母牛生殖道病变的恶化会引起胚胎早死，被母牛吸收。部分病牛的发情周期会延长，屡交不孕，多数母牛感染后 6 个月还能受孕。部分母牛怀孕后胎儿较晚死亡，引起流产，通常是在妊娠 5 个月左右，流产后胎膜能够顺利排出，如果是 5 个月后才流产，会出现胎衣无法排出的情况。胎盘会出现水肿症状，胎儿病变和布鲁氏菌病相似。初次感染但治愈的病牛，再次感染时抵抗力有所增加，和带菌公牛交配仍然能够受孕。

四、病理变化

成年母牛以及小母牛会有子宫内膜炎、输卵管炎等症状，也可以观察到子宫颈潮红，流黏液性渗出物。流产胎儿皮下组织有胶状浸润，胸水、腹水较多。腹腔内脏器官有纤维素粘连，肝脏偏硬，被伪膜覆盖。肺部水肿。年龄在 5 岁以上的公牛感染后，阴茎上皮腺数量增加，给弯曲杆菌的生存提供了条件。

五、诊断

根据临床症状、病理变化作初步诊断。确诊需进行病原分离鉴定。母牛流产后，以流产胎膜制成绒毛叶涂片染色镜检，若有形态似胎儿弯曲菌，可作为初步诊断的依据。

六、防治

本病主要是通过交配而传染，因此，淘汰有病种公牛，选用健康种公牛进行配种或人工授精，可有效控制本病。接种菌苗对预防本病有效，但未感染的接种牛尽管其自身有免疫力，也可机械性地传播本病。

牛群暴发本病时，暂停配种 3 个月，并用抗生素治疗，特别要注意局部的治疗，如对公牛，在硬脊膜轻度麻醉后，拉出阴茎，连同包皮用多种抗生素制成的软膏（青霉素、链霉素、土霉素等）涂擦阴茎和包皮黏膜，亦可用链霉素冲洗包皮。母牛向子宫内投放链霉素和四环素等抗生素，连续 5 天。

第八节　衣原体病

牛衣原体病是由鹦鹉热衣原体感染牛引起的一种地方流行性的接触性传染病，以妊娠母牛流产、早产、死产或产无活力犊牛为主要特征。参见"第一章第九节牛衣原体病"。

第九节　日本分体吸虫病

日本分体吸虫病俗称血吸虫病，由分体科的日本分体吸虫寄生于人和家畜及野生动物的门静脉及肠系膜静脉内引起的危害严重的人畜共患寄生虫病。患病母牛可发生不孕、流产等。参见第二章第十五节。

第十节　不孕症

不孕症是指母畜暂时或永久不能繁殖。有下列几种类型。

先天性不育：如种间杂交、幼稚病、生殖器官畸形等。

饲养性不育：多因饥饿或维生素、矿物质、微量元素等缺乏引起。

管理利用性不育：多由过度使役或泌乳过多而引起。

气候水土性不育：是由于母畜突然更换地方，对气候、水土尚不能适应而暂时发生不育。

衰老性不育：是指未达到绝情期的母畜，未老先衰，生殖机能过早地停止。

疾病性不育：是由于家畜生殖器官和其他器官的疾病或者机能异常引起的。

本节主要介绍有关引起不孕的生殖器官疾病。

一、卵巢囊肿

卵巢囊肿包括卵泡囊肿和黄体囊肿两种。卵泡囊肿是因卵泡上皮细胞变性、卵泡壁增生变厚、卵细胞死亡、卵泡发育中断，致使卵泡液未被吸收或增生所形成。囊肿呈单个或多个存在于一侧或两侧卵巢上，壁较薄。黄体囊肿是由于未排卵的卵泡壁上皮黄体化而形成，或因排卵后黄体化不足、黄体的中心出现充满液体的腔体而形成（囊肿黄体）。一般多为单个，存在于一侧卵巢上，壁较厚。

奶牛的卵巢囊肿多发生于第四至六胎产奶量最高期间，而且以卵泡囊肿居多，黄体化囊肿只占 25% 左右。肉牛发病率较低。

1. 病因

引起卵巢囊肿的原因，目前尚未完全研究清楚。涉及的因素包括：

（1）饲料中缺乏维生素 A 或含有多量的雌激素。饲喂精料过多而又缺乏运动，故舍饲的高产奶牛多发，且多见于泌乳盛期。

（2）垂体或其他激素腺体机能失调或雌激素用量过多，均可造成囊肿。

（3）由于子宫内膜炎、胎衣不下及其他卵巢疾病而引起的卵巢炎，可致使排卵受阻，也与本病的发生有关。

此外，本病的发生也与气候骤变、遗传有关。

2. 症状

牛卵巢囊肿常发生于产后 60 天以内，15～40 天为多见，也有在产后 120 天发生的。卵泡囊肿的主要特征是无规律的频繁发情和持续发情，甚至出现慕雄狂；黄体化囊肿则长期不表现发情。

患卵泡囊肿的母牛，发情表现反常，如发情周期变短、发情期延长，以至发展到严重阶段，持续表现强烈的发情行为而成为慕雄狂，性欲亢进并长期持续或不定期的频繁发情，喜爬跨或被爬跨。严重时，性情粗野好斗，经常发出犹如公牛般的吼叫。对外界刺激敏感，一有动静便两耳竖起。荐坐韧带松弛下陷，致使尾椎隆起。外阴部充血、肿胀，触诊呈面团感。卧地时阴门开张，经常伴有"噗噗"的排气声。阴道经常流出大量透明黏稠分泌物，但无牵缕状（正常发情母畜的分泌物呈牵缕状）。少数病畜阴门外翻，极易引起感染而并发阴道炎。

直肠检查时，发现单侧或双侧卵巢体积增大，有数个或一个囊壁紧张而有波动的囊泡，表面光滑，无排卵突起或痕迹；其直径通常在 2～5 厘米，大小不等；囊泡壁薄

厚不均，触压无痛感，有弹性，坚韧，不易破裂。子宫肥厚，松弛下垂，收缩迟缓。如伴发子宫积液，触之则有波动感。为与正常卵泡区别，可间隔 2~3 天再进行直肠检查一次，正常卵泡届时均已消失。

3. 诊断

通过了解母畜繁殖史，配合临床检查，如果发现有慕雄狂的病史、发情周期短或不规则及乏情时，即可怀疑患有此病。直肠检查，发现卵巢体积增大，有数个或一个突起表面的囊壁紧张而有波动、表面光滑、触压有弹性、坚韧，不易破裂的囊泡时即可确诊。

4. 治疗

（1）激素疗法。绒毛膜促性腺激素（HCG） 具有促黄体素的效能，对本病有较好的疗效。牛静脉注射为 2 500~5 000 国际单位，或肌内注射 10 000~20 000 国际单位。一般在用药后 1~3 天，外表症状逐渐消失，9 天后进行直肠检查，可见卵巢上的囊肿卵泡破裂或被吸收，且无黄体生长。只要有效，即应观察一个时期，不可急于用药，以防产生持久黄体。如不见效，可再注射。亦可用孕马血清，效果虽差，但在无 HCG 的情况下，仍是可取的办法。

经绒毛膜促性腺激素治疗 3 天无效，可选用下列药物：黄体酮：50~100 毫克，肌内注射，每日一次，连用 5~7 天，总量为 250~700 毫克。肾上腺皮质激素、地塞米松 10~20 毫克，肌内或静脉注射，隔日一次，连用 3 次。

促性腺激素释放激素（GnRH）：牛 0.25~1.5 毫克，肌内注射，效果显著。

（2）碘化钾疗法。碘化钾 3~9 克的粉末或 1% 水溶液，内服或拌入料中饲喂，每日一次，7 天为一疗程，间隔 5 天，连用 2~3 个疗程。

（3）假妊娠疗法。将特制的橡皮气球或子宫环。从阴道送入子宫，造成人为的假妊娠，促使卵巢产生黄体，一般经 10 天左右直肠检查，若囊肿变小或已形成黄体，则证明有效，此后再存放 10 天，以巩固疗效。

（4）中药疗法。以行气活血、破血去淤为主。可用肉桂 20 克、桂枝 25 克、莪术 30 克、三棱 30 克、藿香 30 克、香附子 40 克、益智仁 25 克、甘草 15 克、二皮（陈皮、青皮）各 30 克，研末服。

（5）手术疗法。囊肿穿刺术：一手经直肠握住卵巢，并将卵巢拉到阴道前端的上方固定后，另一手将消毒过并接有细胶管的 12 号针头从阴道穹窿部穿过阴道壁刺入囊肿；或一手在直肠内固定卵巢，另一手（或助手）用长针头从体表肷部刺入囊肿，抽出囊肿液后再注入 HCG（2 000～5 000 国际单位）于囊肿腔内。

挤破囊肿：从直肠内用中指及食指夹住卵巢系膜并固定卵巢，拇指逐渐向食指方向挤压，挤破后持续压迫 5 分钟以达到止血的目的。

5. 预防

供给全价并富含维生素 A 及维生素 E 的饲料，防止精料过多；适当运动，合理使役，防止过劳和运动不足；对正常发情的母畜，要适时配种或授精；对其他生殖器官疾病，应及早合理地治疗。

二、持久黄体

持久黄体也称永久黄体或黄体滞留。它是指母牛在分娩后或性周期排卵后，妊娠黄体或发情周期黄体及其机能长期存在而不消失。

从组织构造和对机体的生理作用，性周期黄体、妊娠黄体无区别。由于黄体滞留，黄体分泌助孕素的作用持续，抑制了卵泡的发育，因而母牛表现性周期停止，常不发情。

1. 病因

（1）饲养管理不当。饲料单纯，品质低劣，母牛营养不足；日粮配合不平衡，特别是矿物质、维生素 A、维生素 E 不足或缺乏。

（2）子宫及全身疾病。子宫慢性炎症、胎衣不下、子宫复旧不全等，子宫内存有异物如木乃伊胎儿、子宫蓄脓、子宫积水、子宫肿瘤及胎儿浸溶等，都会使黄体吸收受阻而成为持久黄体。结核病、布氏杆菌病等也可能促使本病的发生。

（3）过度加料催奶产量。高产奶牛在分娩后，由于大量饲喂精料，致使乳产量高而持续，由于营养消耗严重，血中促乳素水平增高，不仅表现出发情延滞，而且也易导致本病的发生。

从临床观察，持久黄体发生的原因较为复杂，它不仅与机体状况如过肥或过瘦、泌乳量的过高等有密切关系；而且也与子宫、卵巢的状况和机能有关，因此，在了解其病因时，不能单纯认为只是黄体滞留，而应视本病是机体全身状况和卵巢机能不全的综合临床表现。

2. 诊断

持久黄体的症状特征是母牛性周期停滞，长期不发情。直肠检查时，一侧或两侧卵巢体积增大，卵巢内有持久黄体存在，并突出于卵巢表面；由于黄体所处阶段不同，有的呈捏粉感，有的质度较硬，其大小不一，数目不定，有一个或两个以上；间隔5～7天进行一次直肠检查，经2～3次检查，如黄体的大小、位置、形态及质地均无变化，且子宫内不见妊娠，即可确诊为持久黄体。

3. 治疗

持久黄体不伴有子宫疾患时，治疗后黄体消退，性周期恢复，预后良好；如伴有子宫疾患并发胎儿干尸，以及患全身疾病，奶牛体弱，预后可疑。

（1）药物治疗。目的是引起前列腺素 F2α 的合成与分泌，促使黄体溶解。为提高疗效，应加强管理，改善饲养条件，调整饲料比例，减少挤乳量等。常用的方法有以下几种。

前列腺素 F2α 30 毫克，一次肌内注射。

13- 去氢 -W- 乙基 - 前列腺素 F2α 2～4 毫克，一次肌内注射。

甲基前列腺素 F2α 5～6 毫克，一次肌内注射。间隔 11 天再注射一次。

氯前列烯醇 500 微克，一次肌内注射。

垂体促性激腺素 200～400 国际单位。一次肌内注射，隔 2 日一次，连续 3 次。

孕马血清第一次量 20～30 毫克，一次皮下或肌内注射，7 天后再注射一次，量为 30 毫升。

雌二醇 4～10 毫克，一次肌内注射。

催产素 50 万国际单位，一次肌内注射，隔日一次，连用 2～3 次。

（2）卵巢按摩法。即用手隔直肠按摩卵巢，使之充血，每日一次，每次 5 分钟，连续 2～3 次。

（3）黄体穿刺或挤破法。手伸入直肠内，握住卵巢，使卵巢固定于大拇指与其余四指之间，轻轻挤破黄体。

（4）氦氖激光照射交巢穴。距离 50～60 厘米，每日一次，每次照射 8 分钟，7 天为 1 个疗程，对治疗持久黄体收到较好疗效。

（5）子宫治疗。伴发子宫炎时，应肌内注射雌二醇 4～10 毫克，促使子宫颈开张，再用庆大霉素 80 万国际单位或土霉素 2 克或金霉素 1～1.5 克，溶于蒸馏水 500 毫升内，一次注入子宫内，每日或隔日一次，直至阴道分泌物清亮为止。

4. 预防

（1）加强产后母牛的饲养，尽快消除能量负平衡的过程。产后母牛，一般都处于能量负平衡，泌乳早期的能量负平衡可能降低黄体功能，使黄体酮水平降低；严重的能量负平衡将引起奶牛出现持久黄体，因此对产后母牛要加强饲养，饲料品质要好，并供应充足的优质青干草，促进食欲，提高机体采食量；严禁追求奶产量而过度增加精料。

（2）加强对产后母牛健康检查，发现疾病应及时治疗。产后母牛易患营养代谢病，如酮病、缺钙症等而影响繁殖，生产中应建立监控制度，定期对血、尿、乳进行酮体检查，对牛只的食欲、泌乳要逐日观察，异常者应及时处治。

对母牛繁殖应进行监控，对产后母牛性周期停止、乏情期延长者，要仔细检查。对异常者采取针对性措施，予以处治，防止病情加重。

第十一节　子宫内膜炎

一、概述

子宫内膜炎是子宫黏膜炎症，是常见的一种母畜生殖器官疾病，也是导致母畜不育的重要原因之一。本病多见于乳用家畜，尤以乳牛常见。

二、发病原因

（1）病原菌。大肠杆菌、葡萄球菌、布氏杆菌病、副伤寒等。

（2）难产、胎衣不下、子宫脱出及产道损伤。

（3）配种、人工授精及阴道检查时消毒不严。

（4）影响因素。雌激素、黄体酮降低抑制感染细菌的机能下降，产后一周和受精后3~6天内感染引起子宫内膜炎；奶牛过肥、运动不足、过度催乳。

三、诊断要点

（1）急性化脓性子宫内膜炎。病牛从阴道内排出脓样不洁分泌物，所以是很容易被发现的一种疾病。一般在分娩后胎衣不下、难产、死产时，由于子宫收缩无力，不能排出恶露；病牛表现拱背努责、体温升高、精神沉郁、食欲、产奶量明显下降，反

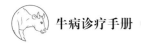

匀减少或停止。

（2）隐性子宫内膜炎。病牛临床上不表现任何异常，发情正常，但屡配不孕，发情时的黏液中稍有混浊或混有很小的脓片，由于子宫的轻度感染，是造成受精卵和胚胎死亡，致使屡配不孕的原因。

（3）黏液性脓性子宫内膜炎。病牛临床表现为排出少量白色混浊的黏液（图 5-3）或黏稠脓性分泌物，排出物可污染尾根和后躯；病牛体温略高、食欲减退、精神沉郁、逐渐消瘦等全身症状轻微；阴道检查，宫颈外口充血、肿胀；

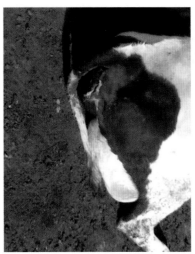

图 5-3　卡他性子宫内膜炎　　　　图 5-4　脓性子宫内膜炎

直肠检查，子宫角变粗，若有渗出液积留时，压之有波动感。本病往往并发卵巢囊肿。

（4）慢性脓性子宫内膜炎。经常从阴门中排出少量稀薄、污白色或混有脓液的分泌物（图 5-4），排出的分泌物常粘在尾根部和后躯，形成干痂；直肠检查可发现子宫壁增厚，宫缩反应微弱或消失。

四、防治

预防：

（1）在临产前和产后，对产房、产畜的阴门及其周围都应进行消毒，以保持清洁卫生。

（2）配种、人工授精及阴道检查时，除应注意器械、术者手臂和外生殖器的消毒外，操作要轻，不能硬顶、硬插。

（3）对正常分娩或难产时的助产以及胎衣不下的治疗，要及时、正确，以防损伤和感染。

（4）加强饲养管理，做好传染病的防制工作。

治疗： 一般在改善饲养管理的同时，及早进行局部处理，常能取得较好疗效。

（1）子宫冲洗。选用 0.1%～0.3% 高锰酸钾溶液、0.1%～0.2% 雷佛奴尔溶液、0.1% 复方碘溶液、1%～2% 等量碳酸氢钠溶液、1% 明矾溶液，每日或隔日冲洗子宫，至冲洗液变清为止。为促进子宫收缩，减少和阻止渗出物的吸收，可用 5%～10% 氯化钠溶液 500～2 000 毫升，每日或隔日冲洗子宫一次。随渗出物的逐渐减少和子宫收缩力的提高，氯化钠溶液的浓度应渐降至 1%，其用量亦随之渐减。隐性子宫内膜炎时，可用糖 - 碳酸氢钠 - 盐溶液（葡萄糖 90 克、碳酸氢钠 32 克、氯化钠 18 克、蒸馏水 1 000 毫升）500 毫升冲洗子宫。

（2）子宫灌注抗生素。

① 0.5% 金霉素或青、链霉素溶液 50～100 毫升或青、链霉素各 50 万 ～100 万国际单位，溶于 50～200 毫升鱼肝油中，再加入垂体后叶素或催产素 10 万 ～15 万国际单位，每日一次，4～6 天后隔日用一次。

② 复方呋喃西林合剂（呋喃西林 1 克、尿素 1.5 克、甘油 200 毫升，蒸馏水加至 1 000 毫升），每隔 2～3 天一次，每次 30～50 毫升。

③ 碘仿醚（1∶10）30～50 毫升，隔日一次。

④ 慢性子宫内膜炎，如渗出液不多时，可选用 1∶（2～4）碘酊石蜡油、碘甘油、等量石蜡油复方碘溶液 20～40 毫升子宫灌注。

⑤ 隐性子宫内膜炎，在配种前 1～2 小时，先用生理盐水或 1% 碳酸氢钠溶液 500 毫升冲洗子宫后，待配种前 1 小时，用青霉素 40 万 ～100 万国际单位，加在高渗葡萄糖溶液 30 毫升中或青霉素、红霉素、垂体后叶素的混悬液 50 毫升灌注于子宫内，亦可在配种后 24 小时再灌注一次青、链霉素或四环素溶液，都可提高受胎率。

为临床应用方便，子宫冲洗和子宫灌注抗生素可同步进行：即用土霉素 3 克或庆大霉素 80 万国际单位或丁胺卡那霉素 3 克，生理盐水 500～1 000 毫升。

（3）应用子宫收缩剂。为增强子宫收缩力，促进渗出物的排出，可给予己烯雌酚、垂体后叶素、氨甲酰胆碱、麦角制剂等。

（4）硬膜外腔封闭。在第 1、3、5 日，分别在 1、2 尾椎间，用 2% 盐酸普鲁卡因溶液 10 毫升，进行硬膜外腔封闭后，用 0.5% 金霉素溶液 200 毫升灌注子宫，2、4、6 日分别肌内注射己烯雌酚注射液 50 毫克，间隔 5 天后再重复一次，对牛子宫内膜炎有较好疗效。对子宫内膜炎的治疗，要根据疾病的情况、病畜个体的特点和全身状态，正确选用方法。

（5）当感染严重而引起败血症时，应在实施局部治疗的同时，配合全身治疗，即

水乌钙、新促反刍液、抗生素三部疗法。

第十二节 流产

一、概述

流产是指胚胎或胎儿与母体之间的正常生理关系被破坏，致使母畜妊娠中断，胚胎在子宫内被吸收；排出不足月的胎儿或死亡未经变化的胎儿，称为流产。流产不是一种独立的疾病，而是由于各种不良因素作用于机体所产生的临床表现。它可以发生在妊娠的各个阶段，但以妊娠早期较为多见，可以排出死亡的胎体，也可以排出存活但不能独立生存的胎儿。各种家畜均能发生流产。奶牛流产的发病率在10%左右。流产所造成的损失是严重的，它不仅能使胎儿夭折或发育受到影响，而且还能危害母畜的健康，使产奶量减少，母畜的繁殖效率也常因并发生殖器官疾病造成不孕而受到严重影响，使畜群的繁殖计划不能完成，因此必须特别重视对流产的防治。

二、发病原因

流产的原因极为复杂，根据引起流产的原因不同，可分为非传染性流产、传染性流产和寄生虫性流产。

三、诊断

由于流产的发生时期、原因及母畜反应能力不同，流产的病理过程及所引起的胎儿变化和临床症状也很不一样。可归纳为以下4种。

（1）隐性流产。发生在怀孕初期，胚胎尚未形成胎儿，死亡组织液化，被母体吸收或在母畜再发情时随尿排出，未被发现。一般在胚胎形成1~1.5个月后，经直肠检查确定已怀孕，但过一段时间后母牛又重新发情，同时直肠检查原怀孕现象消失，即可诊断为隐性流产。

（2）早产。即排出不足月的活胎儿。流产前2~3天，母牛乳房突然胀大，乳头内可挤出清亮液体，阴门稍微肿胀，并向外排出清亮或淡红色黏液，流产胎儿体小、软弱，如果胎儿有吸吮反射，能吃奶者并精心护理，仍有成活的可能。流产前的症状与正常生产相似，如胎动频繁，腹痛不安，时时开张后肢，阴门外翻，拱背努责，有时从阴门流出血水。

（3）小产。即排出死亡而未经变化的胎儿。这是流产中最常见的一种。胎儿死后，它对母体好似异物一样，可引起子宫收缩反应，于数天之内将死胎及胎衣排出。

妊娠初期的流产，因为胎儿及胎膜很小，排出时不易发现，有时可能被误认为是隐性流产。妊娠前半期的流产，事前常无预兆。妊娠末期流产的预兆和早产相同。

（4）延期流产。它也叫死胎停滞。胎儿死亡后由于阵缩微弱，子宫颈口未开张或开张不大，死胎长期停留于子宫内，称为延期流产。

四、防治

预防：为了能使流产尽量减少，应采取如下预防措施。

（1）加强饲养管理，增强奶牛体质。

（2）加强防疫，定期进行疫病普查，保证牛群健康，无疫病。

（3）加强对流产牛及胎儿的检查。流产后，对流产母牛应单独隔离，全身检查，胎衣及产道分泌物应严格处理，确系无疫病时，再回群混养。

（4）对流产胎儿及胎膜，应注意有无出血、坏死、水肿和畸形等，详细观察、记录。为了解确切病因与病性，可采取流产母牛的血液（血清）、阴道分泌物及胎儿的真胃、肝、脾、肾、肺等器官，进行微生物学和血清学检查，从而真正了解其流产的原因，并采取有效方法，予以防制。

治疗：首先应确定属于何种流产以及妊娠能否继续进行，在此基础上根据症状再确定治疗原则。

（1）先兆流产。临床上见到孕畜腹痛不安，时时排尿、努责，并有呼吸、脉搏加快等现象时，可能要引起流产，但阴道检查，子宫颈口紧闭，子宫颈塞尚未流出；直检胎儿还活着。治疗以安胎为主，使用抑制子宫收缩药或用中药保胎。

肌内注射黄体酮 50～100 毫克，每日 1 次，连用 4 次（为预防习惯性流产，可在流产前 1 个月，定期注射本品），也可用 0.5% 硫酸阿托品 2～6 毫升，皮下注射。给以镇静剂，如静脉注射安溴注射液 100～150 毫升或 2% 静松灵 1～2 毫升。

如果先兆流产经上述处理，病情仍未稳定下来，阴道排出物继续增多，孕畜起卧不安加剧，阴道检查，子宫颈口已开张，胎囊已进入阴道或已破水，流产已难避免，则应尽快促进胎儿排出，以免胎儿死亡腐败引起子宫内膜炎，影响以后受孕。

（2）胎儿浸溶。先皮下注射或肌内注射己烯雌酚 0.02～0.03 克，以促进子宫颈口开张，然后逐块取净胎骨（操作过程中术者须防自己受到感染），完后用 10% 氯化钠

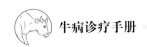

溶液冲洗子宫，排出冲洗液后，子宫内放入抗生素（如红霉素、四环素等加入高渗盐水或凉开水内应用）；肌内注射子宫收缩药品，以促进子宫内容物的排出，并根据全身情况的好坏，进行强心补液、抗炎疗法。

（3）胎儿腐败分解。先向子宫内灌入 0.1% 雷佛奴尔或高锰酸钾溶液，再灌入石蜡油作滑润剂，然后拉出胎儿（如胎儿气肿严重，可在胎儿皮肤上作几道深长切口，以缩小体积，然后取出；如子宫颈口开张不全时，可连续肌内注射己烯雌酚或雌二醇 10～30 毫克；静脉滴注地塞米松 20 毫克后平均 35 小时宫口开张），或于子宫颈口涂以颠茄酊或颠茄流浸膏，也可用 2% 盐酸普鲁卡因 80～100 毫升，分四点注射于子宫颈周围，后用手指逐步扩大子宫颈口，并向子宫内灌入温开水，等待数小时）。如拉出有困难，可施行截胎术。拉出胎儿后，子宫腔冲洗、放药及全身处理同上。

（4）胎儿干尸化。如子宫颈口已开张，可向子宫内灌入润滑剂（如石蜡油、温肥皂水）后拉出胎儿，有困难时可进行截胎后拉出胎儿；如子宫颈口尚未开张，可肌内注射己烯雌酚或雌二醇 10～30 毫克，每日 1 次，经 2～3 天后，可自动排出胎儿。如无效，可在注射己烯雌酚 2 小时后再肌内注射催产素 50 万国际单位，或用 5% 盐水 2 500 毫升，灌入子宫，每日 1 次，连用 3 次有良效。

第十三节　胎衣不下

一、概述

胎衣不下，又称为胎膜停滞，是指母畜分娩后不能在正常时间内将胎膜完全排出。一般正常排出胎衣的时间大约在分娩后 12 小时。本病多发生于具有结缔组织绒毛膜胎盘类型的反刍动物，尤以不直接哺乳或饲养不良的乳牛多见。

二、发病原因

（1）产后子宫收缩无力。日粮中钙、镁、磷比例不当，运动不足，消瘦或肥胖，致使母畜虚弱和子宫弛缓；胎水过多，双胎及胎儿过大，使子宫过度扩张而继发产后子宫收缩微弱；难产后的子宫肌过度疲劳，以及雌激素不足等，都可导致产后子宫收缩无力。

（2）胎儿胎盘与母体胎盘粘连。由于子宫或胎膜的炎症，都可引起胎儿胎盘与母体胎盘粘连而难以分离，造成胎衣滞留。其中最常见的是感染某些微生物，如布氏杆菌、胎儿弧菌等；维生素A缺乏，能降低胎盘上皮的抵抗力而易感染。

（3）与胎盘结构有关。牛的胎盘是结缔组织绒毛膜型胎盘，胎儿胎盘与母体胎盘结合紧密，故易发生。

（4）环境应激反应。分娩时，受到外界环境的干扰而引起应激反应，可抑制子宫肌的正常收缩。

三、诊断要点

（1）全部胎衣不下。停滞的胎衣悬垂于阴门之外（图5-5），呈红色→灰红色→灰褐色的绳索状，且常被粪土、草渣污染。如悬垂于阴门外的是尿膜羊膜部分，则呈灰白色膜状，其上无血管。但当子宫高度弛缓及脐带断裂过短时，也可见到胎衣全部滞留于子宫或阴道内。牛全部胎衣不下时，悬垂于阴门外的胎膜表面有大小不等的稍突起的朱红色的胎儿胎盘，随胎衣腐败分解（1～2天）发出特殊的腐败臭味，并有红褐色的恶臭黏液和胎衣碎块从子宫排出，且牛卧下时排出量显著增多，子宫颈口不完全闭锁。部分胎衣不下时，其腐败分解较迟（4～5天），牛耐受性较强，故常无严重的全身症状，初期仅见拱背、举

图5-5 胎衣不下

尾及努责；当腐败产物被吸收后，可见体温升高，脉搏增数，反刍及食欲减退或停止，前胃弛缓，腹泻，泌乳减少或停止等。

（2）部分胎衣不下。残存在母体胎盘上的胎儿胎盘仍存留于子宫内。胎衣不下能伴发子宫炎和子宫颈延迟封闭，且其腐败分解产物可被机体吸收而引起全身性反应。

四、防治

预防：加强饲养管理，增加母畜的运动，注意日粮中钙、磷和维生素A及维生素D的补充，做好布氏杆菌病、沙门氏菌病和结核病等的防治工作，分娩时保持环境的卫生和安静，以防止和减少胎衣不下的发生。产后灌服所收集的羊水，按摩乳房；让仔畜吸吮乳汁，均有助于子宫收缩而促进胎衣排出。

治疗：（1）药物疗法。

① 可选用以下促进子宫收缩的药物。

垂体后叶素注射液或催产素注射液，50 万～100 万国际单位，皮下或肌内注射。也可用马来酸麦角新碱注射液，5～15 毫克，肌内注射。

己烯雌酚注射液，10～30 毫克，肌内注射，每日或隔日一次。

10% 氯化钠溶液，300～500 毫升，静脉注射，或 3 000～5 000 毫升子宫内灌注。也可用水乌钙、抗生素、新促反刍液三步疗法具有良好的疗效。

胃蛋白酶 20 克、稀盐酸 15 毫升、水 300 毫升，混合后子宫灌注，以促进胎衣的自溶分离。

② 为预防胎衣腐败及子宫感染时，可向子宫内注入抗生素（土霉素、四环素等均可）1～3 克，隔日一次，连用 1～3 次。

（2）手术剥离。牛的手术剥离法宜在产后 10～36 小时内进行。过早，由于母子胎盘结合紧密，剥离时不仅因疼痛而母畜强烈努责，而且易于损伤子宫造成较多出血，过迟，由于胎衣分解，胎儿胎盘的绒毛断离在母体胎盘小窝中，不仅造成残留，而且易于继发子宫内膜炎，同时可因子宫颈口紧缩而无法进行剥离。

为了防止子宫感染和胎衣腐败而引起子宫炎及败血症，在手术剥离之后，应放置或灌注抗菌防腐药，如金霉素、四环素，亦可用土霉素、雷佛奴尔等。或用下列合剂；尿素 1 克，磺胺增效剂 1 克，磺胺噻唑 10 克，呋喃西林 1 克混合后装入胶囊放入；磺胺噻唑 10 克，磺胺增效剂 1 克，呋喃西林 1 克，混合后装入胶囊放入。

（3）中药疗法。以活血散淤清热理气止痛为主，可用"加味生化汤"：当归 100 克、川乌 40 克、桃仁 40 克、红花 25 克、炮姜 40 克、灸草 25 克、党参 50 克、黄芪 50 克、苍术 30 克、益母草 100 克，共研末，开水冲调，加黄酒 300 毫升，童便一碗灌服。或用车前子 250～300 克，用白酒或者 75% 的酒精浸湿点燃，边燃边搅拌，待酒精燃尽后，冷却研碎，再加温水适量，一次灌服。

>> 第六章
常见牛运动障碍性疾病

第一节　牛流行热

牛流行热是由牛流行热病毒引起的一种急性热性传染病。其特征为突然高热、呼吸促迫、流泪、流涎和运动障碍。病牛四肢关节浮肿疼痛，呆立或跛行，后期因起立困难而多伏卧。参见"第一章第一节流行热"。

第二节　牛恶性卡他热

牛恶性卡他热是由恶性卡他热病毒引起的一种急性、热性传染病。病牛蹄冠部也易发生糜烂，病牛因疼痛而呈现跛行状态，并且起立困难，也有蹄壳和角壳脱落的情况。参见"第一章第二节恶性卡他热"。

第三节　牛病毒性腹泻

牛病毒性腹泻（黏膜病）是由牛病毒性腹泻病毒引起的传染病，临床表现分急性型和慢性型。慢性型病牛蹄叶发炎及趾间皮肤糜烂坏死，致使病畜跛行。参见"第二章第一节牛病毒性腹泻"。

第四节　白血病

牛白血病是由牛白血病病毒引起的牛的一种慢性肿瘤性疾病，当肿瘤侵及脊髓或脊神经时，病牛后肢运动障碍或麻痹。参见"第一章第四节白血病"。

第五节　牛支原体相关疾病

牛支原体感染通常会引起牛肺炎、乳腺炎、关节炎、角膜结膜炎、耳炎、生殖道炎症、流产与不孕等多种疾病，统称为牛支原体相关疾病。牛支原体引起的关节炎多为散发，主要发病部位为腕关节和跗关节，身体其他关节也可发病，典型症状为脓性关节炎，关节肿胀或脓肿，患牛出现跛行。参见"第一章第七节牛支原体相关疾病"。

第六节　牛衣原体病

牛衣原体病是由鹦鹉热衣原体感染牛引起的一种地方流行性的接触性传染病，牛衣原体性多关节炎多见于犊牛。病牛表现行动迟缓，卧地后驱赶不愿起立或起立困难。站立以健肢负重，不愿走动。急性期体温升高，关节肿胀，患关节局部皮温升高，患肢僵硬，触摸敏感，跛行。参见"第一章第九节牛衣原体病"。

第七节　腐蹄病

一、概述

蹄糜烂是蹄底和球负面糜烂，又名慢性坏死性蹄皮炎，常因角质深层组织感染化脓，临床上出现跛行，是舍饲奶牛常发的蹄病。

二、发病原因

牛舍和运动场潮湿、不洁是本病的主要因素，过长蹄、芜蹄、蹄叶炎易诱发本病。指（趾）间皮炎与发生在球部的糜烂有直接关系，结节状杆菌也是引起糜烂的微生物。而管理不当、未定期进行修蹄、无完善的护蹄措施，也可发生本病。

三、临床症状

本病多为慢性经过，除非有并发症，很少引起跛行。轻病例只在底部、球部、轴侧沟有小的深色坑，进行性病例，坑融合到一起，有时形成沟状，坑内呈黑色（图6-1），外观很破碎，最后，在糜烂的深部暴露出真皮。腐烂后，炎症蔓延到蹄冠、球节时，关节肿胀，皮肤增厚，失去弹性，疼痛明显，步行呈"三脚跳"；当化脓后（图6-2），关节处破溃，流出乳酪样脓汁，病牛全身症状加重，体温升高，食欲减退，产奶量下降，卧地，消瘦。

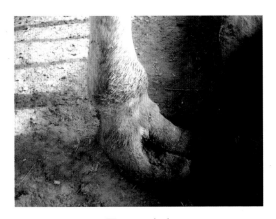
图6-1 腐蹄

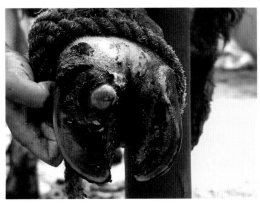
图6-2 蹄底脓肿

四、诊断

四蹄皆可发病，以后蹄多见；全年皆有，但以7—9月最多。蹄底部有黑色小洞，角质糜烂、溶解，从管道内流出黑色脓汁。

五、防治

预防：

（1）加强管理。经常保持圈舍、运动场干燥及清洁卫生，粪便及时处理，运动场内的石块、异物及时清除，保护牛蹄卫生，减少蹄部外伤的发生。

（2）坚持蹄浴。用4%硫酸铜溶液浴蹄，5~7天进行1~2次蹄部喷洒。

（3）已经发病牛，对病牛应加强护理，单独饲喂，根据具体病状采取合理治疗，促使尽早痊愈。

治疗：

（1）局部处理。先将患蹄修理平整，找出角质部糜烂的黑痂，由糜烂的角质部向内逐渐轻轻搔刮，直到见有黑色腐臭的脓汁流出为止。用4%硫酸铜溶液彻底洗净创口，创内涂10%碘酊，填入松馏油棉球，或放入高锰酸钾粉、硫酸铜粉，装蹄绷带。

（2）全身疗法。如体温升高，食欲减退，或伴有关节炎症时，可用磺胺、抗生素治疗。青霉素500万国际单位，一次肌内注射；10%磺胺噻唑钠150～200毫升，10%葡萄糖注射液500毫升，一次静脉注射，每日一次，连续注射7天；5%碳酸氢钠500毫升，一次静脉注射，连续注射3～5天。金霉素或四环素，剂量为每千克体重0.01克，静脉注射，也有效。最好用水乌钙、新促反刍液、抗生素三步疗法（见咽炎）。关节发炎者，可应用酒精鱼石脂绷带包裹。

第八节　蹄叶炎

一、概述

蹄叶炎，可分为急性、亚急性和慢性。通常侵害几个指（趾）。蹄叶炎可能是原发性的，也可能继发于其他疾病，如严重的乳腺炎、子宫炎和酮病、瘤胃积食、瘤胃酸中毒以及胎衣不下等。蹄叶炎可发生于乳牛、肉牛和青年公牛。母牛发生本病与产犊有密切关系，而且年轻母牛发病率高。乳牛中以精料为主的饲养方式导致发病率升高。

二、发病原因

引起蹄叶炎的发病因素很多，长期以来认为牛蹄叶炎是全身代谢紊乱的局部表现，但确切原因尚无定论，倾向于综合性因素所致，包括分娩前后到泌乳高峰时期饲喂过多的碳水化合物精料、不适当运动、遗传和季节因素等。

三、临床症状

急性蹄叶炎时，症状非常典型。病牛运动困难，特别是在硬地上。站立时，弓背，四肢收于一起，如仅前肢发病时，症状更加严重，后肢向前伸，达于腹下，以减轻前肢的负重。有时可见两前肢交叉，以减轻患肢的负重。通常内侧指疼痛更明显，一些动物常用腕关节跪着采食。后肢患病时，常见后肢运步时划圈。患牛不愿站立，较长时间躺卧，在急性期早期可见明显地出汗和肌肉颤抖。体温升高，脉搏显著加快。局部症状可见指静脉扩张，指动脉搏动明显，蹄冠的皮肤发红，蹄壁增温。蹄底角质脱色，变为黄色，有不同程度的出血（图 6-3）。发病 1 周以后放射学摄片时可看到蹄骨尖移位。急性型如不是在早期抓紧治疗，总是变成慢性型。慢性蹄叶炎不仅可引起不同程度的跛行，也是发展为其他蹄病的原因之一。

慢性蹄叶炎多由急性蹄叶炎转变而来。临床症状轻微，病程长，极易形成芜蹄，病牛站立时以蹄球部负重，患蹄变形，

图 6-3　蹄底炎症

蹄壁角质延长，蹄前壁和蹄底形成锐角；由于蹄角质生长紊乱，在蹄壁上出现异常蹄轮；由于蹄骨下沉、蹄底角质变薄，甚至出现蹄底穿孔。

四、诊断

急性型：根据长期过量饲喂精料以及典型症状如突发跛行、异常姿势、拱背、步态强拘及全身僵硬，可以做出确诊。类症鉴别诊断时应与多发性关节炎、蹄骨骨折、软骨症、蹄糜烂、腱鞘炎、腐蹄病、乳热、镁缺乏症、破伤风等区分。

慢性型：蹄叶炎往往误认为蹄变形，而这只能通过 X 线检查确定。其依据是系部和球节的下沉、指（趾）静脉的持久性扩张、生角质物质的消失及蹄小叶广泛性纤维化。

五、防治

合理喂饲和使役，特别是在分娩前后应注意饲料的急剧变化，产后应逐渐恢复精料的饲喂量；长途运输或使役时，途中要适当休息，并进行冷蹄浴，日常要注意护蹄。

原则是除去病因、减轻蹄内压、消炎镇痛、促进吸收，防止蹄骨变位。

治疗：

（1）放血疗法。为改善血液循环，减轻蹄内压，在病后 36～48 小时内，可采取颈静脉放血 1 000～2 000 毫升（体弱者禁用），然后静脉注入等量的 5% 葡萄糖氯化钠注射液，内加 0.1% 盐酸肾上腺素溶液 1～2 毫升或 10% 氯化钙注射液 100～150 毫升。

（2）冷敷及温敷疗法。病初 2～3 天内，可行冷敷、冷蹄浴或浇注冷水，每日 2～3 次，每次 30～60 分钟。以后改为温敷或温蹄浴。

（3）封闭疗法。用 0.5% 盐酸普鲁卡因溶液 30～60 毫升，内加青霉素 80 万国际单位，分别注射于系部皮下指（趾）深屈肌腱内外侧，隔日 1 次，连用 3～4 次。亦可进

行静脉或患肢上方穴位封闭。

（4）脱敏疗法。病初可试用抗组织胺药物，如内服盐酸苯海拉明 0.5～1 克，每日 1～2 次。或肌内注射盐酸异丙嗪 250 毫克，或皮下注射 0.1% 盐酸肾上腺素溶液 3～5 毫升，每日 1 次；或用盐酸普鲁卡因 0.5 克、氢化可的松 250 毫克，10% 葡萄糖 1000 毫升，混合一次静脉内缓慢滴注。

（5）为清理肠道和排出毒物，可应用缓泻剂。也可静脉注射 5% 碳酸氢钠 300～500 毫升，5% 葡萄糖注射液 500～1 000 毫升。

（6）自家血疗法。自家血 80 毫升，皮下注射，隔日一次，每次增加 20 毫升，连用 3 次，可广泛用于各种炎症性疾病治疗。

（7）慢性蹄叶炎，可注意修整蹄形，防止芜蹄。已成芜蹄者，配合矫正蹄铁。

>> 第七章
营养代谢性疾病

第一节　酮病

一、概述

酮病是碳水化合物和脂肪代谢紊乱所引起的一种全身功能失调的代谢性疾病。临床特征是酮血、酮尿、酮乳，出现低血糖、消化机能紊乱、乳产量下降，间有神经症状。

二、发病原因

主要因素是母牛高产、营养、分娩及泌乳，其中最为重要的一个因素就是营养供应不足，致使母牛能量负平衡。病因学的突出特点是碳水化合物饲料不足、糖类缺乏，导致体蛋白分解和脂肪动员，结果引起了酮体生成增加。

三、临床症状

（1）临床型酮病。根据症状表现不同可分为消化型和神经型两种。通常消化症状和神经症状同时存在。

消化型: 主见食欲降低或废绝。病初，食欲减退，乳产量下降。通常先拒食精料，尚能采食少量干草，继而食欲废绝。异食，患畜喜喝污水、尿汤，舐食污物或泥土。反刍无力，口数不定，或少于30次，或多于70次，前胃弛缓、蠕动微弱；粪便

图 7-1　黄色水样粪便

干而硬、量少；有的伴发瘤胃臌胀；体重明显减轻、消瘦、皮下脂肪消失，皮肤弹性减退；精神沉郁，对外反应微弱，不愿走动。体温、脉搏、呼吸正常；随病时延长，体温稍有下降（37.5℃），心跳增速（100次/分钟），心音模糊，第一、第二心音不清，脉细而微弱，重症患畜全身出汗，似水洒身，尿量减少，呈淡黄色水样（图7-1），易形成泡沫，有特异的丙酮气味。乳量下降，轻症者呈持续性；重症者，突然骤减或无乳，并具有特异的丙酮气味。一旦乳量下降后，虽经治愈，但乳产量多不能完全恢复到病前水平。

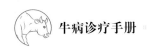

神经型：主见有神经症状。病状突然发作，特征症状是患畜不认其槽，于棚内乱转；目光怒视，横冲直撞，四肢叉开或相互交叉，站立不稳，全身紧张，颈部肌肉强直，兴奋不安，也有举尾于运动场内乱跑，阻挡不住，饲养员称之为"疯牛"。空嚼磨牙、流涎、感觉过敏、乱舐食皮肤、吼叫、震颤，神经症状发作持续时间较短，为 1～2 小时，但 8～12 小时后，仍有再次复发现象；有的牛不愿走动，呆立于槽前，低头搭耳，眼睑闭合，似如睡样，对外反应淡漠，呈沉郁状。

（2）亚临床型酮病。仅见酮体升高和低血糖，也有部分血糖在正常范围内的，缺乏明显的临床症状；或者仅见乳产量有所下降，食欲降低，进行性消瘦是其重要特征，一直到体质很弱、相当的消瘦时产乳量才有明显的下降，呈慢性经过，病程可持续 1～2 个月，尿检酮体定性反应为阳性或弱阳性。

四、诊断

由于奶牛酮病临床症状很不典型，所以单纯根据临床症状很难作出确切诊断。因此，在确诊时应对病畜作全面了解，要询问病史、查母牛产犊时间、产乳量变化及日粮组成和喂量，同时对血酮、血糖、尿酮及乳酮作定量和定性测定，要全面分析，综合判断。

乳酮和尿酮有诊断意义。酮体定性试验阴性可排除酮病，试验阳性最好再做定量试验。奶牛患创伤性网胃炎、皱胃变位、消化不良等疾病时，常导致继发性酮病；产后瘫痪也可并发酮尿症；乳牛正常临产时，血酮可能有短暂的升高，随着分娩后食欲的恢复，血酮迅速下降不发生酮病。

亚临床型酮病诊断较为困难。由于本病在高产牛群已普遍存在，所以对产后 10～30 天的母牛应特别注意食欲的好坏和奶产量的变化。确诊需对血、乳和尿中酮体进行检测。综合判定主要考虑以下 3 点：①多发于高产母牛。②在产后 10～30 天内，40 天后少见。③日粮能量水平不足，进食量不足。

五、防治

对酮病患牛，通过适当针对性治疗都能获得较好的治疗效果而痊愈。已经痊愈的奶牛，如果饲养管理不当，又有复发的可能。也有极少数病牛，对药物治疗无反应，最后被迫淘汰或死亡。对于继发性酮病，应尽早作出确切诊断并对原发病采取有效的治疗措施。

（1）药物治疗原则。提高血糖浓度，减少脂肪动员，促进酮体的利用，增进瘤胃的消化机能，提高采食量。

（2）治疗方法。常用的方法有以下几种。

① 替代疗法。即葡萄糖疗法，静脉注射 50% 葡萄糖 500～1 000 毫升，对大多数病畜有效。因一次注射造成的高血糖是暂时性的，其浓度维持仅 2 小时左右，所以应反复注射，如加 5% 氯化钙 200～300 毫升可加速治愈。

② 激素疗法。应用促肾上腺皮质激素 ACTH 200～600 国际单位，一次肌内注射。肾上腺糖皮质激素类可的松 1 000 毫克肌内注射对本病效果较好，注射后 40 小时内，患牛食欲恢复，2～3 天后泌乳量显著增加，血糖浓度增高，血酮浓度减少。

③ 其他疗法。对神经性酮病可用水合氯醛内服，首次剂量为 30 克，随后用 7 克，每日两次，连服数日。提高碱贮，解除酸中毒，可用 5% 碳酸氢钠液 500～1 000 毫升，一次静脉注射。为了促进皮质激素的分泌，可以使用维生素 A 每千克体重 500 国际单位，内服；维生素 C 2～3 克内服。防止不饱和脂肪酸生成过氧物，以增加肝糖量，可用维生素 E 1 000～2 000 毫克，一次肌内注射，或 7 000 毫克口服，连服 2～3 天。为加强前胃消化机能，促进食欲，可灌服人工盐 200～250 克和酵母粉 500 克；维生素 B₁ 20 毫升，一次肌内注射。酮病病牛可疑与辅酶 A 缺乏有关，可使用辅酶 A 的前体——半胱胺 750 毫克静脉注射，每隔 1～3 天静脉注射一次，连续注射 3 次。中药处方，当归、川芎、砂仁、赤芍、熟地、神曲、麦芽、益母草、广木香各 35 克，研末，开水冲调灌服，每日或隔日一次，连服 3～5 次，对增进食欲，加速病愈效果较好。

（3）预防措施。

① 加强饲养管理，供应平衡日粮，保证母牛在产犊时的健康。

② 加强干奶牛的饲养。应防止干奶牛过肥，应限制或降低高能浓厚饲料的进食量，增加干草喂量。

③ 分群管理。根据奶牛不同生理阶段进行分群管理，同时应随时调整营养比例。饲料要稳定，防止突然变更；饲料品质要好，严禁饲喂发霉变质饲料。

④ 加强运动，增加全身抵抗力。舍饲母牛每日必须有一定的运动时间，减少产后子宫弛缓、胎衣不下的发生，增进食欲。

⑤ 加强临产和产后牛只的健康检查。建立酮体监测制度。对乳酮、尿酮应定期检查。产前 10 天，隔 1～2 天测尿酮 pH 值一次；产后 1 天可测尿 pH 值、乳酮。隔 1～2 天一次，凡阳性反应，除加强饲养外，立即对症治疗。

⑥ 定期补糖、补钙。对年老、高产、食欲不振及有酮病病史的牛只，于产前 1 周开始补 50% 葡萄糖液和 20% 葡萄糖酸钙液各 500 毫升，一次静脉注射，每日或隔一

次，共补 2~4 次。

⑦ 调整日精结构。在高产而又有酮病发生的牛群中，应加强日粮的供应。保证有足够的能量水平；减少生酮饲料的喂量。

第二节　产后瘫痪

一、概述

产后瘫痪也称乳热和临床分娩低钙血症。其特征是精神沉郁、全身肌肉无力、昏迷、瘫痪卧地不起。

二、发病原因

奶牛产后瘫痪与其体内钙的代谢密切相关，血钙下降为其主要原因。导致血钙下降的原因主要有：钙随初乳丢失量超过了由肠吸收和从骨中动员的补充钙量；由肠吸收钙的能力下降；从骨骼中动员钙的贮备的速度降低。

三、临床症状

分三个阶段：

（1）前驱症状。呈现出短暂的兴奋和搐搦。病牛敏感性增高，四肢肌肉震颤，食欲废绝，站立不动，摇头、伸舌和磨牙。行走时，步态跟跄，后肢僵硬，共济失调，左右摇摆，易于摔倒。被迫倒地后，兴奋不安，极力挣扎，试图站立，当能挣扎站起后，四肢无力，步行几步后又摔倒卧地。也有见只能前肢直立，而后肢无力者，呈犬坐样（图7-2）。

图 7-2　有时可见到病牛前肢直立，后肢无力，呈犬坐样

（2）瘫痪卧地。几经挣扎后，病牛站立不起便安然卧地。卧地有伏卧和躺卧两种姿势。伏卧的牛，四肢缩于腹下，颈部常弯向外侧，呈"S"状，有的常把头转向

后方，置于一侧肋部，或置于地上，人将其头部拉向前方后，松手又恢复原状。躺卧病牛，四肢直伸，侧卧于地。鼻镜干燥，耳、鼻、皮肤和四肢发凉，瞳孔散大，对光反射减弱，对感觉反应减弱至消失，肛门松弛，肛门反射消失。尾软弱无力，对刺激无反应，系部呈佝偻样。体温可低于正常，为 37.5～37.8℃。心音微弱，心率加快可达 90～100 次 / 分钟。瘤胃蠕动停止，粪便干、便秘。

（3）昏迷状态。精神高度沉郁，心音极度微弱，心率可增至 120 次 / 分钟，眼睑闭合，全身软弱不动，呈昏睡状；颈静脉凹陷，多伴发瘤胃臌气。治疗不及时，常可致死亡。

四、诊断

根据产犊后不久发病，常在产后 1～3 天内瘫痪；体温低于正常，38℃以下；心跳加快 100 次 / 分钟；卧地后知觉消失、昏睡、便秘、系部佝偻等特征可作出初步诊断。应注意和母牛躺卧不起综合征、低镁血症（牧草搐搦、泌乳搐搦）、产后毒血症、热（日）射病、瘤胃酸中毒相区别。

五、防治

预防措施：

① 加强干奶期母牛的饲养，增强机体的抗病力，控制精饲料喂量，防止母牛过肥。

② 充分重视矿物质钙、磷的供应量及其比例。一般认为，饲料中钙、磷比在 2 ∶ 1 的范围。

③ 提供良好的饲养环境。

④ 加强对临产母牛的监护，提早采取措施，阻止病牛的出现。

⑤ 注射维生素 D_3 对临产牛可在产前 8 天开始，肌内注射维生素 D_3 制剂 1 000 万国际单位，每日一次，直到分娩止。

⑥ 静脉补钙、补磷。对于年老、高产及有瘫痪病史的牛，产前 7 天可静脉补钙、补磷有预防作用。

治疗及时与否、药物用量大小、机体本身的所处状况等，都直接影响到本病的病程长短和预后是否良好。随分娩而瘫痪者，多于 1～2 天痊愈，距产犊时间较长而瘫痪者，病程较长，3～5 天痊愈；卧地后半月不起者，预后不良。治疗原则是提高血钙量和减少钙的流失，辅以其他疗法。

第三节　牛血红蛋白尿病

一、概述

母牛产后血红蛋白尿病是一种发生于高产乳牛的营养性代谢病，临床上以低磷酸盐血症、急性溶血性贫血和血红蛋白尿为特征。

二、发病原因

低磷酸盐血症是本病的一个重要因素，但与产后泌乳增高而磷脂排出有重要关系。另一方面，并非所有低磷酸盐血症的母牛都会发生临床血红蛋白尿，但发生临床血红蛋白尿的母牛一般都伴有低磷酸盐血症。也有人发现饲喂十字花科植物或铜缺乏是发病的原因。

三、临床症状

红尿是本病最突出的（图7-3），甚至是早期唯一的症状。最初1～3天内尿液逐渐由淡红向红色、暗红色直至紫红色和棕褐色转变，以后又逐渐消退。这种尿液做潜血试验，呈强阳性反应，而尿沉渣中很少或不见红细胞。病牛乳产量下降，而体温、呼吸、食欲均无明显变化。

随着病程的延长，贫血加重，可视黏膜及皮肤变为淡红色或苍白色，并黄染。血液稀薄，凝固性降低，血清呈樱桃红色。循环和呼吸也出现相应的贫血体征。

图7-3　病牛尿血

四、病变

尸体消瘦，全身黄疸，黏膜苍白。肝肿大，脂肪浸润，中央小叶灶性坏死；胆囊肿大，内积满浓稠带颗粒的胆汁。脾肿大，网状内皮细胞增生，红髓管状分布减少，淋巴生发中心减少。肾色淡似胶冻样，肾小管上皮退性变化，肾曲细管中有管型及含铁血黄素沉着。膀胱内积有褐色血红蛋白尿。淋巴结肿大，切面多汁外翻，呈褐色。

临床病理学的特征性改变包括：PCV（红细胞压积）、RBC（红细胞数）、Hb（血红蛋白）等红细胞参数值降低，黄疸指数升高、血红蛋白血症、血红蛋白尿症等急性血管内溶血和溶血性黄疸的各项检验指征以及低磷酸盐血症。

五、诊断

本病多发生寒冷冬季，呈地区性。本病的发生常与分娩有关，临床上有红尿、贫血、低磷酸盐血症等，饲料中磷缺乏或不足，磷制剂疗效显著，不难诊断。

六、防治

（1）预防措施。

① 饲喂平衡日粮。日粮营养标准应按母牛需要量供应，为此，配合日粮时，营养要全面，矿物质特别是磷的供应量不能忽略。

② 控制块根类饲料喂量。甜菜、甘蓝、萝卜每日饲喂不要过多，以 5～10 千克为宜。

③ 做好防寒保暖工作，减少应激因素的刺激。

（2）治疗原则。尽快补磷，以提高血磷水平；输入新鲜血液以扩充血容量；静脉输液以维持水分。

（3）治疗方法。

① 20% 磷酸二氢钠溶液 300～500 毫升，一次静脉注射，每日 1 次或 2 次。对重病牛可 2～4 次，在静脉注射的同时，可用相同剂量再皮下注射，效果更显。

② 输血。500～2 000 毫升，每日一次，2～3 次。

③ 15% 磷酸二氢钠 1 000 毫升、5% 葡萄糖生理盐水 500 毫升、25% 葡萄糖注射液 500 毫升、5% 碳酸氢钠液 500 毫升、氢化可的松 25 毫升，复方氯化钠液 500 毫升，一次静脉注射，早晚各 1 次。

第四节　白肌病（硒或维生素 E 缺乏症）

一、概述

白肌病是由于硒或维生素 E 缺乏引起幼畜以骨骼肌、心肌纤维以及肝脏发生变性、

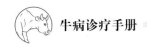

坏死为特征的疾病。病变特征是肌肉色淡、苍白。多发于冬春气候骤变、缺乏青绿饲料之时。发病率高，死亡率也高，往往呈地方性流行。

二、发病原因

原发性硒缺乏主要是饲料含硒不足，动物对硒的要求是 0.1～0.2 毫克 / 千克饲料，低于 0.05 毫克 / 千克就可出现硒缺乏症。饲料中缺乏维生素 E，如长期给予不良干草、干稻草、块根食物，而缺乏富含维生素 E 的饲料，如油料种子、植物油及麦胚等；缺乏维生素 E 的另一因素是饲料中不饱和脂肪酸、矿物质等可促进维生素 E 的氧化。

三、临床症状

白肌病根据病程经过可分为急性、亚急性及慢性等类型。

急性型： 多见于犊牛。动物往往不表现症状突然死亡，剖检主要是心肌营养不良。如出现症状，主要表现兴奋不安，心动过速，呼吸困难，有泡沫血样鼻液流出，在 10～30 分钟死亡。

亚急性型： 机体衰弱，心衰，运动障碍，呼吸困难，消化不良为特点。

慢性型： 生长发育停滞，心功能不全，运动障碍，并发顽固性腹泻。

犊牛：精神沉郁，喜卧地，站立不稳，共济失调，肌颤。心跳 140 次 / 分钟，呼吸 80 次 / 分钟，结膜炎，角膜混浊、软化，最后卧地不起，心衰，肺水肿，死亡。

四、病变

主要是骨骼肌变性、色淡，似煮肉样，呈灰黄色条状、片状等。心扩张，心肌内外膜有黄白、灰白与肌纤维方向一致的条纹状斑。

五、诊断

本病诊断可结合缺硒历史、临床特征、饲料和组织硒含量分析、病理剖检、血液有关酶学和及时应用硒制剂取得良好效果作出诊断。

六、防治

（1）近期预防。冬春注射 0.1% 亚硒酸钠液 10～20 毫升。同时应注意整体营养水平，特别是对草食动物应补充适当的精料。冬春气候突然骤变，寒冷应激，加上营养不良，易诱发某些缺乏症的发生。母牛产前给生育酚 1 克，产后犊牛给 150 毫克 / 天。

（2）远期预防。保证每千克饲料含硒 0.1 ~ 0.2 毫克。

（3）治疗方法。可用 0.1% 亚硒酸钠，皮下或肌内注射，犊牛 5 ~ 10 毫升。根据情况 7 ~ 14 天重复一次，同时可配合维生素 E，犊牛 300 ~ 500 毫克。

第五节 维生素 A 缺乏症

一、概述

维生素 A 缺乏症是由于日粮中维生素 A 及其前体物含量不足或缺乏所引起的一种慢性代谢疾病。其临床特征是瘦弱、夜盲、腹泻、水肿、惊厥和繁殖障碍。最常发生于犊牛。

二、发病原因

维生素 A 来源以鱼类尤其是鳕、鲛和肝脏等动物性饲料中含量较多，植物则以其前体物——胡萝卜素在绿色植物性饲草和黄玉米中大量存在。当日粮中过多饲喂维生素 A 含量少的精料，缺乏富含胡萝卜素的绿色植物性饲草，奶牛尤其是犊牛可成群地发生维生素 A 缺乏症。

当患胃肠卡他、寄生虫寄生（如肝片吸虫）、饲喂含量过多硝酸盐饲料和含磷缺乏饲料，以及氯化萘中毒等，都能使消化机能破坏，影响胡萝卜素转化为维生素 A 和吸收，从而可导致维生素 A 缺乏。

犊牛时期不喂初乳或哺乳期短，过早断乳，致使哺乳量不足，或饲喂代乳粉因加热调制过程中维生素 A 被破坏，犊牛得不到必需的维生素 A 而发病。

三、临床症状

一般症状：食欲减退，异嗜（癖），消瘦，四肢无力，贫血，被毛粗刚、无光泽，皮屑增多，生长发育缓慢，母牛泌乳性能大大降低。由于牛机体抵抗力降低，易发感染性疾病，如乳房炎、子宫炎、支气管炎、肺炎和肠炎。

神经症状：患牛步态蹒跚，后肢无力，无目的乱窜，共济失调，惊厥。发作时，牛突然昏倒，头颈和四肢直伸，两眼睁圆，眼球突出，呼吸急迫，持续 1 ~ 8 分钟，有的牛呕吐、腹泻。

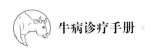

干眼病和夜盲：以角膜干燥、羞明为主征，瞳孔散大，眼球突出，角膜混浊，角膜炎，对光反射消失。患牛多呆立不动，步行时，无方向地小心移动，或头抵于障碍物如墙壁、饲槽。眼部检查发现视乳头水肿，视网膜呈淡蓝色或淡灰色，部分区域视网膜粉红，视觉逐渐减弱至持久性目盲。

繁殖障碍：由于泌尿生殖器官疾病，公牛产生精液性能降低，性欲减退；母牛受胎率降低（不孕），发生卵巢囊肿，胎衣停滞，妊娠母牛多在后期发生流产、死胎或生后数天内死亡，并多出现先天性畸形——瞎眼、咬合不全等，有的体质过度瘦弱或生长发育不全等。此外，公牛易发尿石症，呈现排尿困难，全身水肿，尤以胸前、前肢和关节处极为明显，往往因尿毒症而死。

骨发育障碍：在生长发育犊牛中，可使软骨组织中毛细血管减少，成骨细胞也明显减少。骨组织生长受阻，骨化不全性骨质疏松、软化，骨骼变形。致使骨收容的中枢神经受到一定挤压，尤其是视神经孔的变狭后压迫视神经，往往导致失明。

四、诊断

根据饲料组成的调查、发病情况及群体中出现失明、神经症状和流产等表现，结合眼检查视神经乳头水肿等特征变化，可初步诊断。确诊应对日粮、血液和肝脏活组织进行维生素 A 或胡萝卜素的含量测定。注意与传染性角膜结膜炎的区别。传染性角膜结膜炎发病率很高，但无神经症状，且有深的角膜溃疡。此两点可与维生素 A 缺乏症相区别。

五、防治

（1）要注意日粮组成，保证全价日粮。每千克混合料中含维生素 A 不少于 1 400 国际单位，以满足需要量。

（2）及时供应犊牛初乳，保证足够的喂乳量和哺乳期，不要过早断奶。在饲喂代乳品时，要注意代乳品的质量和维生素 A 的含量。

（3）要重视后备牛的培养。给犊牛和育成牛提供良好的环境条件，防止牛舍潮湿、拥挤；保证牛舍通风、清洁、干燥和阳光充足。运动场宽敞，令牛自由活动。

（4）牛群中发生维生素 A 缺乏症时，全场立即调整饲料，供应富含维生素或胡萝卜素的优质饲料或维生素 A 强化饲料。

>> 第八章
中毒性疾病

中毒病概述

一、毒物与中毒

凡在一定条件下，以一定数量，通过化学作用对动物机体呈现毒害影响，而造成组织器官机能障碍、器质病变乃至死亡的物质，称为毒物。由于毒物而引起的疾病，称为中毒。毒物本身的作用是相对的，例如某些治疗疾病的药物应用过量时，便可引起中毒。如马杜霉素、阿托品等。某些非毒性物质摄入量过大也可引起中毒，如食盐。

毒物可分为内源性毒物和外源性毒物两大类。外源性毒物，是指在体外存在或形成而进入机体的毒物，如植物毒、动物毒、矿物毒等；内源性毒物，是指在机体内所形成的毒物，包括有机体的某些代谢产物和寄生于机体内的细菌、病毒、寄生虫等病原体的代谢产物。由外源性毒物引起的中毒，称为外源性毒物中毒，即一般所谓的中毒；由内源性毒物引起的中毒，称为内源性毒物中毒，即通常所说的自体中毒。

二、中毒病常见原因

（1）误食毒物或毒草。由于农药保管不严而混入饲料或饮水中，使用存放过剧毒农药的容器，或误食农药拌过的种子，喷洒过农药的植物等（图8-1）。

（2）饲料保管、调制不当。如亚硝酸盐中毒。

（3）某些饲料所含的有毒成分。如高粱苗和玉米苗特别是再生苗中所含的氰苷配糖体、发芽马铃薯中的马铃薯素、棉籽饼中的棉酚、开花期荞麦中的叶红质等，皆能引起中毒。另外，食盐如果采食过多，也能发生中毒（图8-2）。

（4）临床用药剂量过大。如剧毒药超过极量，或体表大面积涂擦杀虫剂，投服大剂量抗寄生虫药均可导致中毒的发生（图8-3）。

（5）工矿区的废水、废气处理不当，污染空气、饮水和植物，即可招致中毒。

（6）毒蛇咬伤或昆虫刺蜇及人为的投毒等。

三、中毒病的诊断

（1）病史调查。中毒多突然发生，同槽或得到相同有毒饲料的家畜，多数同时或先后发病，且症状相似，平时食欲旺盛的家畜，发病早，而且病情重，死亡快。结合了解发病前的饲料、饮水、农药保管等情况，往往能提供极有价值的线索。

图 8-1　牛磷化锌中毒

图 8-2　牛栎树叶中毒

（2）临床症状和剖检变化。中毒的基本症状：由于毒物的性质、数量以及中毒的途径不同，中毒的临床表现也多种多样。一般分为最急性、急性和慢性三种类型。

最急性中毒： 如氢氰酸中毒和亚硝酸盐中毒，病程特别短促，常取闪电型经过，于采食过程中或食后不久，突然发病，表现呼吸极度困难，全身抽搐，约于十小时致命。

图 8-3　牛无机氟中毒

急性中毒： 发病突然，病程短急，多于数日内死亡。通常表现明显的神经症状，如瞳孔缩小或散大，精神兴奋狂暴或沉郁昏迷，肌肉痉挛或麻痹，反射减退或感觉消失等；伴有重剧的消化障碍，如食欲废绝、流涎、呕吐、腹痛、腹胀、腹泻、粪便混有黏液和血液等；体温一般正常或低下，但十字花科植物中毒的初期体温升高，伴有器官发炎的中毒，如蓖麻籽中毒可有中热乃至高热；此外，还有一定的呼吸、循环、泌尿和皮肤症状，如呼吸困难，心悸亢进，心律不齐，多尿或血尿以及皮肤上出现疹块等。

慢性中毒： 发病较缓，病程较长，一般表现为消瘦、贫血及消化障碍等。

有些毒物中毒可出现较典型症状，如有机磷中毒时的瞳孔缩小、流涎、频频排粪、出汗和肌肉震颤；牛甘薯黑斑病中毒时的呼吸极度困难和皮下气肿；氢氰酸中毒时呼吸困难，可视黏膜呈鲜红色等。但多数毒物中毒都可能对机体的各系统产生影响，而几乎没有提示是何种毒物中毒的示病症状。

中毒的一般剖检变化主要表现为实质器官的变性，胃肠黏膜的炎症等。某些中毒特有的变化如砷、汞中毒时胃内容物的大蒜气味；氰化物中毒时血液呈鲜红色、凝固不良等，均可作为综合诊断时的依据。

（3）动物饲喂试验。动物试验，用原已患病动物的同种动物饲喂可疑物质效果最好，但患病动物经济价值较高时，通常应用生理特性接近的经济价值较低的动物作为试验动物，如牛中毒时可用羊做试验动物。动物试验阳性不仅可以确定是中毒性疾病，而且可以缩小毒物的范围。然而，阴性结果也不能说明没有中毒，因为在自然病例中，有些实验性中毒还不能复制。

（4）毒物检验。采取可疑饲料、饮水或瘤胃内容物、尿、血液或乳汁，进行化验室毒物检验，以查明某种毒物的存在和含量。有些毒物分析方法简便、迅速、可靠，现场就可以进行，这对中毒性疾病的诊断有现实的指导意义。然而，毒物分析的价值，也是有一定限度的，在诊断时很少单独使用。单纯要求进行毒物分析也是不现实的。首先，因为动物的死因不明，要对数千种化学物质和植物毒物进行分析是不可能的。其次，不仅因为样品的数量有限，而且因为花费代价太高，一般不予采用。另外，有些毒物还没有可行的分析方法。

在诊断时，应把病史调查、临床症状、剖检变化、动物饲喂试验和毒物检验等所能搜集到的资料综合分析，才能作出准确的诊断。

四、中毒病的防治

发现家畜中毒时，除应立即向上级报告外，还要积极组织抢救，并发动群众，调查原因，更换可疑的草料与放牧地，停止利用可疑的水源，以防止毒物继续进入体内及新中毒病例继续发生。

中毒的一般急救措施包括：尽快促进毒物排出，应用解毒剂，实施必要的全身治疗和对症治疗。

（1）促进毒物排出，减少毒物吸收。主要采取洗胃、缓泻或灌肠、泻血和利尿等方法。

① 洗胃。对中毒病畜应及时进行洗胃。但对能损伤胃黏膜或有腐蚀性的毒物中毒，则不能进行洗胃，以免发生胃穿孔。洗胃主要用于牛，一般用温水、生理盐水或温水加吸附剂，如 0.5% 活性炭悬浮液；毒物种类明确时，可加适当解毒剂；当机体状态允许，必要时可做瘤胃切开术，取出瘤胃内有毒内容物。

② 缓泻或灌肠。当中毒发生的时间较长，大部分毒物已进入肠管时，可内服缓泻

剂和灌肠。除生物碱、食盐、升汞中毒外，一般应用盐类泻剂。可随同缓泻剂内服木炭末，或另灌服淀粉浆，以吸附毒物和保护胃肠黏膜，可减少和阻止毒物吸收。用温水深部灌肠，也可促进毒物排出。

③ 泻血和利尿。当胃肠内毒物已吸收入血时，根据病牛体质情况，可静脉放血1 000～3 000毫升，以减少血液内毒物的含量。在放血之后，可静脉补液，如等渗葡萄糖注射液，复方氯化钠注射液，可加入氢化可的松或地塞米松和维生素 B_6、新促反刍液等。同时可应用利尿剂，以促进毒物排出。

（2）应用解毒剂。在毒物性质未明确之前，可采用通用解毒剂；当毒物种类已经明确或基本上明确时，可应用特效解毒剂或一般解毒剂。

① 通用解毒剂。活性炭或木炭末二份，氧化镁一份，鞣酸一份，混合均匀，牛100～150克，加水内服。其中活性炭或木炭末能吸附大量生物碱（如阿托品、吗啡）、汞、砷等；氧化镁可以中和酸性毒物；鞣酸可以中和碱性毒物，并沉淀多种生物碱、某些苷类和重金属盐类。因此，通用解毒剂对一般毒物中毒，都有一定的解毒作用。

② 一般解毒剂。多用于毒物在胃肠内未被吸收时，包括中和解毒，沉淀解毒和氧化解毒。

中和解毒：酸性毒物中毒时，内服碱性药物，如碳酸氢钠，石灰水等；碱性毒物中毒时，则内服酸性药物，如稀盐酸，食醋等。

沉淀解毒：如生物碱、铅、银、铜、锌、砷、汞等重金属盐类中毒，内服鞣酸10～20克或灌服10%蛋白水或牛乳1 000～2 000毫升，使之生成不溶性化合物而沉淀。

氧化解毒：如亚硝酸盐，氢氰酸和某些生物碱如吗啡、番木鳖碱等中毒，可用0.1%高锰酸钾溶液洗胃或用2 000～3 000毫升内服或灌肠。

③ 特效解毒剂。如对有机磷农药中毒用解磷定，亚硝酸盐中毒用美蓝等。

（3）维护全身机能及对症疗法。为稀释毒物，促进毒物排出，增强肝脏解毒功能和全身机能，可静脉注射大量生理盐水、复方氯化钠注射液或高渗葡萄糖注射液等。一般先静脉注射25%葡萄糖注射液500～1 000毫升，然后静脉注射生理盐水或复方氯化钠注射液2 000～4 000毫升，每日3～4次。最好在静脉输液至一定量，病畜不断排尿时，改为静脉点滴注射，持续到病畜脱离危险期为止。为提高机体的一般解毒功能，可静脉注射20%硫代硫酸钠注射液100～300毫升，一日2次。当心力衰竭时，适当选用强心剂（强尔心、安钠咖等）；兴奋不安时，应用镇静剂（溴化钠、安溴注射液等）；肺水肿时，可应用钙制剂；为兴奋呼吸机能可用25%尼可刹米注射液，牛10～20毫升，静脉或皮下注射；病畜体温下降时，应进行保温，可皮下注射654～2 100毫克或阿托品

加鸡蛋清。

　　中毒病的预防主要在于加强日常的饲养管理，排除一切可能中毒的原因。注意饲料保管、贮存和加工调制，霉烂和有病害的饲料禁止饲喂家畜。家畜放牧时，应注意牧地有无毒草，早春放牧，应先喂干草后再行放牧，以免饥不择食、采食毒草，收存饲草时应注意有无毒草混入。使用农药时，严禁家畜采食喷洒过农药的植物和农药拌过的种子，农药要严加保管，以防止混入饲料和饮用水内。开展家畜中毒有关知识的宣传，并提高警惕，防止投毒破坏。

主要参考文献

陈羔献，白跃宇，张花菊，等. 2009. 牛病快速诊治指南 [M]. 郑州：河南科学技术出版社.

陈怀涛. 2009. 牛羊病诊治彩色图谱 [M]. 第 2 版. 北京：中国农业出版社.

林继煌，蒋兆春. 2004. 牛病防治 [M]. 第 2 版. 北京：科学技术文献出版社.

潘耀谦，吴庭才. 2007. 奶牛疾病诊治彩色图谱 [M]. 北京：中国农业出版社.

向华，宣华. 2004. 牛病防治手册 [M]. 修订版. 北京：金盾出版社.

徐世文，郭东华. 2012. 奶牛病防治技术 [M]. 北京：中国农业出版社.

杨自军. 2014. 牛场兽医师 [M]. 郑州：河南科学技术出版社.

中国兽医药品监察所，中国兽药典委员会办公室. 2009. 奶牛用药知识手册 [M]. 北京：中国农业出版社.

张树方，岳文斌. 2003. 牛病防控与治疗技术 [M]. 北京：中国农业出版社.

张泉鑫，朱印生，高叶生. 2007. 牛病 [M]. 北京：中国农业出版社.

张子威，刑厚娟. 2015. 奶牛异常症状的鉴别诊断与治疗 [M]. 北京：中国农业科学技术出版社.